移动通信简史

——从 1G 到 5G

郭　铭　编著

北京邮电大学出版社
www.buptpress.com

内 容 简 介

本书回顾和介绍移动通信的起源、发展历史以及第五代移动通信系统的现状，并探讨无线通信的未来发展趋势。本书也穿插地介绍了一些通信技术方面的基本概念、通信行业一些有趣的公司和对移动通信领域做出过重要贡献的人物。

本书适合任何对移动通信的来龙去脉和原理感兴趣的读者。

图书在版编目(CIP)数据

移动通信简史：从 1G 到 5G / 郭铭编著. -- 北京：北京邮电大学出版社，2020.6

ISBN 978-7-5635-6082-0

Ⅰ. ①移… Ⅱ. ①郭… Ⅲ. ①移动通信—技术史 Ⅳ. ①TN929.5-09

中国版本图书馆 CIP 数据核字(2020)第 092354 号

策划编辑：彭　楠　　责任编辑：孙宏颖　　封面设计：七星博纳

出版发行：北京邮电大学出版社

社　　址：北京市海淀区西土城路 10 号

邮政编码：100876

发 行 部：电话：010-62282185　传真：010-62283578

E-mail：publish@bupt.edu.cn

经　　销：各地新华书店

印　　刷：北京玺诚印务有限公司

开　　本：720 mm×1 000 mm　1/16

印　　张：10.5

字　　数：180 千字

版　　次：2020 年 6 月第 1 版

印　　次：2020 年 6 月第 1 次印刷

ISBN 978-7-5635-6082-0　　　　　　　　　　　　　　定价：39.00 元

前　言

　　和人类社会其他科技领域一样,在过去的 100 多年里,移动通信经历了从马可尼时代简陋的无线电报装置到现代先进复杂的第五代通信系统这样巨大的发展变化。

　　人类社会早期的无线电通信建立在电磁波的发现,特别是赫兹实验的基础上,它解决了人类最基本的远距离传送简单信息的需求;早期的蜂窝网小区制移动通信系统则基于 AT&T 贝尔实验室关于蜂窝网通信的研究成果,解决了早期无线通信中的通话质量差、容量不足、安全性等问题,满足了人们最基本的通话移动性要求;在此之后,移动通信行业就进入了快速发展的时期。

　　如果我们回顾历史,就会发现,移动通信系统在最近的几十年中,大约每过十年左右就会有一次更新迭代,从1G发展到了现在的5G。每一代的演进都超越并解决了上一代系统中存在的一些问题。除了人类社会发展所自然产生的需求驱动外,通信理论与技术、电子元器件(特别是集成电路)的发展进步则起到了使能者的关键作用。

　　移动通信对人类社会的影响十分广泛与深刻,国际与国内关于这一领域的发展历程有不少零散的资料,但是似乎还没有以一本书的方式来对整个历史做个记录。这也就是写作本书的目的,即希望能较全面地回顾并梳理一下人类移动通信的起源和变迁以及通信技术的演进。此外,本书中也适当地穿插介绍一些无线通信方面比较有趣的公司和贡献较大的人物。

本书适合的读者范围比较广泛，可以是通信电子行业内的人士，也可以是行业外感兴趣的读者。

本书也参考了一些网络上的资料和微信公众号中的内容，因故不能在书中一一列出，在此对这些作者一并表示感谢。

本书的完成要感谢我的家人以及所有支持帮助过我的朋友。此外本书中有不少作者本人的观点和感悟，不一定都正确，敬请读者谅解并指正。

目　录

第 1 章　无线通信的起源 ……………………………………………………… 1

1.1　电和磁的发现 …………………………………………………………… 2

1.2　麦克斯韦和电磁场理论 ………………………………………………… 7

1.3　最早的无线电通信 ……………………………………………………… 12

1.4　香农和信息论 …………………………………………………………… 19

1.5　现代移动通信系统的构成 ……………………………………………… 27

第 2 章　早期的移动通信 ……………………………………………………… 29

2.1　模拟通信的基本原理 …………………………………………………… 29

2.2　早期的商用无线电通信系统 …………………………………………… 34

2.3　贝尔实验室和第一代蜂窝移动通信系统 ……………………………… 36

2.4　摩托罗拉与马丁库帕和大哥大 ………………………………………… 45

第 3 章　数字化的时代 ………………………………………………………… 55

3.1　无线通信向何处去 ……………………………………………………… 55

3.2　数字通信的原理 ………………………………………………………… 57

3.3　GSM 的起源 ……………………………………………………………… 62

3.4　其他第二代移动通信系统 ……………………………………………… 67

3.5　诺基亚 …………………………………………………………………… 69

第 4 章　3G 时代来临 ································· 77

4.1　CDMA 的起源 ································· 78

4.2　雅各布、维特比和高通 ····················· 83

4.3　三大 CDMA 标准 ···························· 91

4.4　华为 ·· 94

4.5　北方电讯的兴衰 ···························· 101

第 5 章　LTE 时代 ································ 106

5.1　OFDM 技术简史 ···························· 107

5.2　WiMAX 的插曲 ···························· 109

5.3　进入 LTE 时代 ····························· 110

5.4　主要设备商 ································· 112

第 6 章　5G 时代 ································ 115

6.1　5G 的起源 ································· 115

6.2　从 ITU 愿景到 3GPP 规范 ················· 117

6.3　5G 的关键技术 ···························· 120

6.3.1　新的空中接口设计 ···················· 121

6.3.2　大规模天线技术 ······················ 125

6.3.3　毫米波 ····························· 127

6.3.4　网络切片、软件定义网络和网络功能虚拟化 ·········· 128

6.4　试验和商业部署状况 ······················· 129

第 7 章　5G 改变社会 ···························· 131

7.1　不同的观点 ································· 131

7.2 5G 的应用 ……………………………………………………… 134

　7.2.1 娱乐和多媒体 ………………………………………… 134

　7.2.2 体育场馆和演唱会 …………………………………… 135

　7.2.3 游戏 …………………………………………………… 135

　7.2.4 VR/AR ………………………………………………… 136

　7.2.5 智慧城市 ……………………………………………… 137

　7.2.6 医疗健康 ……………………………………………… 138

　7.2.7 工业互联网 …………………………………………… 140

　7.2.8 智慧农业 ……………………………………………… 141

　7.2.9 车联网和自动驾驶 …………………………………… 142

　7.2.10 高速列车 …………………………………………… 142

　7.2.11 无人机 ……………………………………………… 143

　7.2.12 空对地宽带无线通信 ……………………………… 144

7.3 5G 与 AI ………………………………………………………… 145

第 8 章 无线通信的未来 ……………………………………………… 147

参考文献 ………………………………………………………………… 153

附录 1 移动通信大事记 ……………………………………………… 155

附录 2 图片来源 ……………………………………………………… 157

第1章
无线通信的起源

现代通信包括有线通信和无线通信两种不同的类型。有线通信指的是通过光纤、同轴电缆、电话线、网线等方式传递信号，常见的有电话、有线电视、以太网、光纤等通过固定电缆线路通信的方式。无线通信除了我们常见的手机通信外，还包含蓝牙、WiFi、卫星、微波等各种通过电磁波传输信号的通信方式。

在两大类通信方式中，无线通信（尤其是基于蜂窝网小区制的无线通信系统）成为近几十年来通信业中发展最快并且影响最大的一个领域。根据GSMA（全球移动通信系统协会）的统计，目前全世界已经拥有超过50亿的移动用户和移动通信设备。在许多国家和地区，手机和其他各种移动终端已成为人们日常生活和工作中不可缺少的工具。

移动通信在当前之所以成为人们关注的一大焦点，主要原因在于：

① 移动通信大大地提高了人们生活和工作的自由度，其社会和战略价值很高。

② 为了达到好的覆盖效果，通常需要布置大量的无线基站，手机和其他用户

终端的数量就更加庞大了。因此,移动通信在经济中占的比重很大。

③ 由于无线电信道本身的特点,移动通信的技术(涉及天线、射频、基带处理、软件协议等很多技术)复杂度非常高,因此人们对它的关注度也就很高。

那么,无线电通信发展到今天,它是怎么起源的呢? 这个就不能不从人类对电磁场的发现谈起。电磁场作为一种物理现象的存在和它的空间传播特性是整个无线电通信的基础。没有电磁场的发现,也就没有现代无线通信。

1.1　电和磁的发现

电和磁是大自然中最早被好奇的人们和科学家们所关心和研究的自然现象之一。早在远古时代,人们通过闪电等自然现象就已经注意到"电"这种现象的存在,但是人们对这种现象理解甚少,也无法解释其背后的原因。相传英文中的"电学"(electricity)一词来源于古希腊语中的"琥珀",来自古希腊的一位牧羊人想用羊皮把琥珀擦亮,结果却发现琥珀具有吸引碎木屑的特性,古希腊人将这种特性称为电。到 18 世纪,美国科学家和政治家富兰克林通过著名的风筝实验,证明了闪电其实是一种电的现象,并且提出了电流的概念。他还指出,电荷有正负之分,物质也有导体和绝缘体之分。

此外,"磁"作为一种自然现象也很早被人们注意到。在公元前 600 多年的《管子·地数》中,作者就提到"上有磁石者,其下有金铜"。到公元 11 世纪,中国科学家沈括在其《梦溪笔谈》中记录了磁针始终指向南北方向这一现象,中国古人把磁针(指南针)作为航海用的导航工具。到了 1187 年,欧洲的 Alexander Neckam 也独立地发现了指南针的物理现象,并将它应用于航海中作为导航的工具。和"电学"一词类似,相传英文中的"磁学"(magnetism)一词也来源于古希腊的一位牧羊人的名字,这位牧羊人发现他的包有铁皮的牧羊杖会被路旁的石块吸引(磁铁矿石)。

在 19 世纪之前,电和磁作为两个独立的物理现象被人们注意到,但人们并没有意识到它们之间的联系。到了 19 世纪,人们开始发现,电和磁并不独立存在,它们之间是有相互联系和作用的,电荷的运动产生电流,而电流则可以产生磁现象。一些早期研究电磁现象的人们意识到这两者之间似乎存在某种联系,但是却无法解释其中的奥秘,更不能准确地描述它们之间的相互关系。

到 1819 年,丹麦物理学家奥斯特(Oersted)发现,如果在一个电路中有电流通过,它附近的普通罗盘的磁针就会发生偏移。也就是说,电流可以力作用于磁针。图 1-1 所示为奥斯特所做实验的示意图,他把伏打电堆的两极用白金丝连接起来,并把小磁针放在附近,原本指向南北方向的磁针发生了旋转,并在垂直于导线的方向上停了下来。由此,奥斯特发现电和磁是相互联系并能相互作用的,进而开始了电和磁之间相互作用的研究。

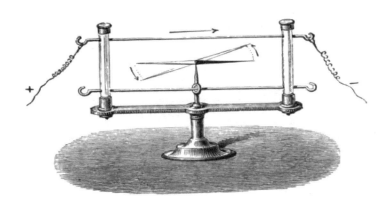

图 1-1　丹麦物理学家奥斯特的磁针实验

真正对电磁现象进行全面系统的科学实验的则是英国物理学家迈克尔·法拉第(Michael Faraday,图 1-2)。法拉第 1791 年出生于伦敦的一个铁匠家庭,他的家庭十分贫穷,无法供他上学。因此从十三岁起,法拉第就开始到书店当学徒做装订工。不过,法拉第自小勤奋好学,他在闲暇时常常会阅读店里的科学书籍,并对电学产生了浓厚兴趣。在业余时间,他还自己动手做实验,研究电磁现象。后来,法拉第有幸得到英国皇家学会科学家戴维的欣赏,得以进入英国皇家学会工作,刚开始是做戴维的助手。法拉第在皇家学会实验室勤奋工作的情景如图 1-3 所示。

图 1-2　英国物理学家法拉第

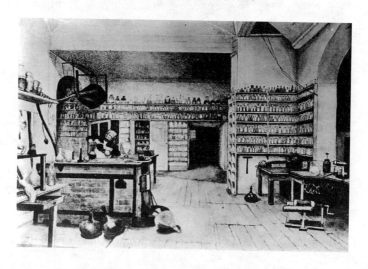

图 1-3　法拉第在皇家学会实验室工作

法拉第从奥斯特的实验中得到启发,并意识到,既然电可以对磁产生作用,那么磁很可能也可以对电产生作用。法拉第基于这一想法做了大量的电磁实验,并证实了这一想法。

图 1-4 为从法拉第的日记中摘取的他所做的电磁实验的示意图。他发现,当一个线圈中有电流通过时,可以在另一个放在附近的线圈中感应出电流来,并且第二个线圈中的电流仅在第一个线圈中的电流从零增大到正常值,或从正常值减小到零的过程中才存在。也就是说,电磁感应是一种动态的过程。

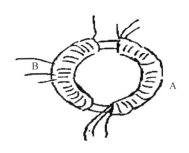

图 1-4　法拉第的线圈实验 1

此外,法拉第还发现(如图 1-5 所示),当磁体向线圈推入或拉出时,线圈中也会感应出电流。

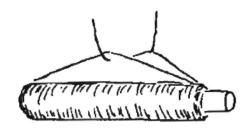

图 1-5　法拉第的线圈实验 2

这表明,电流的产生需要另一个电路的电流发生变化,或者需要磁石的位置发生变化。法拉第由此推断,电流可以产生磁,磁的变化也可以产生电流。

法拉第根据他所发现的电磁感应现象,在 1831 年发明了一种能够通过磁场产生电流的装置(如图 1-6 所示),这其实也就是世界上第一台发电机。

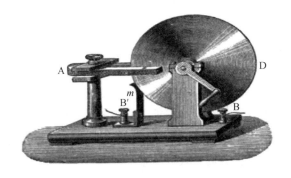

图 1-6　作为发电机原型的法拉第碟片

除了发现电磁感应现象,法拉第还引入了电场和磁场的概念。他认为电和磁之所以能相互作用,是因为电和磁的周围都存在"某种东西",而电和磁之间的相互作用要通过它来传递。这和当时牛顿力学中的超距作用的传统观念截然不同。牛顿力学认为,物体之间存在着超距作用。到了法拉第这里,超距作用被充满整个空间的"某种东西"所替代。这其实就是原始朴素的物理学"场"(field)的概念,电荷、物体之间通过虚无空间的作用力可以看成它们周围的"场"之间近距离作用的结果,电力、磁力、引力都是如此。

法拉第还首次使用了电力线和磁力线来解释电、磁现象(图 1-7)。

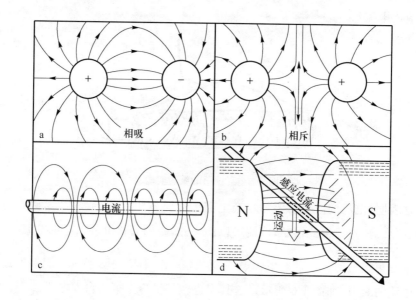

图 1-7　法拉第提出的电力线和磁力线示意

后来,法拉第担任了剑桥大学教授,并成为英国皇家学会会员。法拉第 1867 年去世。他的名字被后人用来表示电容的国际单位,以纪念他在电磁学方面的巨大贡献。

法拉第的电磁实验及其发现对物理学的影响极其深远。不过,法拉第是一位实验大师,他的电磁学观念比较朴素,而且在很大程度上都是定性的而非定量的。给法拉第的观念建立完整定量的数学体系的任务后来由麦克斯韦完成了。

1.2　麦克斯韦和电磁场理论

1. 麦克斯韦

除了法拉第,在经典电磁学理论方面贡献最大的莫过于英国物理学家麦克斯韦(图 1-8)。

图 1-8　麦克斯韦(1831—1879 年)

詹姆斯·克拉克·麦克斯韦(James Clerk Maxwell)1831 年出生于苏格兰的爱丁堡。麦克斯韦自小聪明过人,据说 15 岁就开始向爱丁堡皇家学院递交科研论文。

1847 年,麦克斯韦中学毕业后进入爱丁堡大学,攻读数学与物理。1850 年麦克斯韦转入剑桥大学三一学院数学系学习,于四年后毕业并留校任职。

和擅长实验的法拉第不同,麦克斯韦是一位出色的数学家和理论家,他的理论造诣很深。虽然早年他的兴趣在纯数学研究方面,但后来他更感兴趣的是把数学方法应用到描述和解释各种物理现象中去。

麦克斯韦对电学的研究始于 1854 年,当时他刚从剑桥大学毕业不久,并读到了法拉第的《电学实验研究》一书。当时,人们对法拉第的电磁学理论看法并不一致,其中最主要的原因就是人们受牛顿力学"超距作用"的传统观念影响很深,不少人并不认同电力线、磁力线、场这样的观念。此外,法拉第擅长实验,他的想法很多都是以朴素直观的形式来描述的,缺乏定量的分析。

麦克斯韦研究后认为,法拉第的电磁感应现象和力线的表达方式具有很大的潜在价值,但是同时也存在对于电磁现象缺乏数学定量表述的缺点。于是,他在法拉第工作的基础上对整个电磁现象作了非常系统的研究,并最终完成了对电磁现象的完整数学描述。

麦克斯韦的研究成果先后发表在 3 篇重要论文中,即《论法拉第的力线》《论物理的力线》《电磁场的动力学理论》。在论文中,麦克斯韦对前人在电磁学方面所做的工作进行了综合概括,将电磁场理论用简洁的数学形式表示出来,并推导出后来成为经典电动力学基础的麦克斯韦方程组。

2. 麦克斯韦方程组

麦克斯韦方程组由 4 个方程组成,它包括高斯定律、高斯磁定律、法拉第感应定律和麦克斯韦-安培定律 4 个部分。

麦克斯韦方程组有积分和微分两种表达方式,其微分表达方式如下。

$$\nabla \times \boldsymbol{H} = J + \frac{\partial D}{\partial t}$$

$$\nabla \times \boldsymbol{E} = -\frac{\partial \boldsymbol{B}}{\partial t}$$

$$\nabla \cdot \boldsymbol{B} = 0$$

$$\nabla \cdot \boldsymbol{D} = \rho$$

麦克斯韦方程组把磁场的变化率和电场的空间分布,以及电场的变化率和磁场的空间分布定量联系起来。

麦克斯韦方程组的最大特点在于它整合了前人在电磁学方面的所有研究成果,具有通用性。在麦克斯韦之前电磁学先驱们所发现的所有的电磁现象和规律都可由麦克斯韦方程组推导出来,并成为其中的特例。许多之前没能解决的未知现象也能从麦克斯韦方程推导中找出答案。

更奇妙的是,根据这个方程组可以证明电磁场可以周期振荡的方式存在,并且一旦发出就能以电磁波的方式通过空间向外传播。

电磁场的空间传播现象直观的解释可以参考图 1-9 所示的情形(注:参考文献[1])。假如存在两个带电的球形导体,一个带正电,另一个带负电。那么,在这两个球形导体的周围空间中就存在着静电场,它储存着电荷的电能。此时,如果用导线把这两个球形导体连接起来,就会有电流从一个球形导体流向另一个,而它们的电荷以及它们周围的电场很快就开始减小,最后则完全消失。同时,流过导线的电流将在导线周围产生磁场,并将电场的能量转换为磁场的能量。不过,这个过程到此并未结束,导线中的电流将会继续流动,使得两个小球带上和初始状态相反的电荷,此时,磁场的能量又重新变为电场的能量,直到电流又变为零。

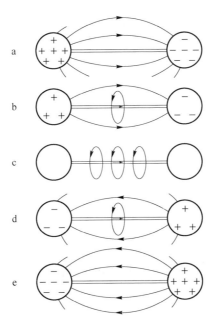

图 1-9　电磁转换原理示意

在不考虑空间损耗的情况下,这两个球形导体所带的电荷数量会与原来相同,但符号相反。在这之后,这个充放电过程又会重新开始,但是方向和刚才所描述的正好相反,这个过程将不断地进行,直到由于导体变热致使能量逐渐损耗而使其趋于停止。这种现象很像机械运动中的单摆运动。

在这个过程中,能量会以电磁波的方式向周围空间辐射(如图 1-10 所示)。

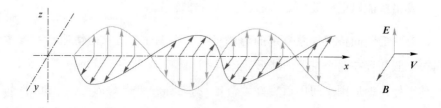

图 1-10　电磁波示意

麦克斯韦还计算出,电磁波的传播速度接近 300 000 km/s,这正好和当时人们所测到的光速完全一样。由此,他进一步推断光就是一种电磁波,即频率介于某一范围之内的电磁波。这样,麦克斯韦进一步把光学和电磁学统一了起来。此外,麦克斯韦方程组还表明,与可见光的波长和频率不同的其他电磁波也可能存在,如 X 射线、γ 射线、红外线、紫外线都属于电磁波。电磁波频率和波长范围示意如图 1-11 所示。

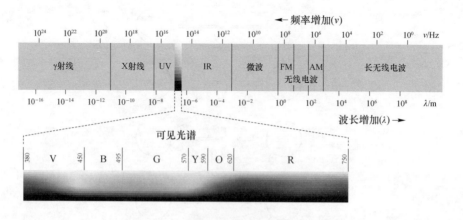

图 1-11　电磁波频率和波长范围示意

麦克斯韦于 1871 年受聘为剑桥大学物理学教授,负责筹建了卡文迪什实验室。1874 年该实验室建成后,麦克斯韦担任实验室的第一任主任,直到 1879 年

11月5日他在剑桥逝世。除了电磁场理论,麦克斯韦在热力学与统计物理学方面也做出了重要贡献。由他负责建立起来的卡文迪什实验室后来发展成为世界上最重要的物理学研究中心之一。

麦克斯韦是从牛顿到爱因斯坦这一阶段中最伟大的理论物理学家之一。他创立了完整的电磁场理论体系,预言了电磁波的存在。他的理论研究成果为现代无线通信的发展奠定了理论基础。

3. 赫兹实验

麦克斯韦从理论上预言了电磁波的存在,但是却并没有用实验证明。到了1886年,德国青年物理学家赫兹(Hertz)设计了一个实验(图 1-12),验证了电磁波的存在。

图 1-12　赫兹和电磁波验证实验

赫兹的实验装置原理如图 1-13 所示,实验装置主要包括电池、电路开关、感应线圈、金属板、火花塞(spark plugs)和接收器等。他把感应线圈的两端接在两个铜棒上。当他打开电路中的开关时,感应线圈的电流突然中断,此时所感应的高电压就会在火花塞之间产生火花。此后,如同机械运动中的单摆运动一样,电荷便经由电火花塞在金属板之间振荡。

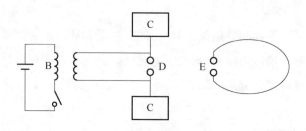

图 1-13　赫兹实验中电磁波发射与接收装置原理图

根据麦克斯韦的电磁场理论,此时应有电磁波产生并经由空间向四处传播。赫兹又设计了一个接收器来探测电磁波。他将一小段导线弯成圆形,线的两端留有小电火花塞。电磁波在小线圈上产生感应电压,使得电火花塞产生火花。但是,产生的火花非常微弱,只能在暗室中观察到。1886 年赫兹在暗室中观察到了微弱的火花,实验获得了成功。

至此,由诸多先人研究积累、法拉第开创、麦克斯韦总结综合的电磁场理论获得了完整的证明。为了纪念赫兹的贡献,人们用他的名字命名电磁波振荡频率的单位,该单位在现代通信中广泛使用。

赫兹用于验证电磁波存在的实验装置事实上成了现代无线通信的发射机和接收机的初始原型。

1.3　最早的无线电通信

从远古时代起,人类最早的所谓"无线"通信是指基于在视线距离内的烟、火、信号灯等原始工具传递信号,这些信号的发送站或接收站通常建在山顶上或者道路旁,信号以视距传递的方式传递到远方。

真正使用电磁波来传递信号则发生在 19 世纪后期。1886 年的赫兹实验从物理学的角度证明了电磁波的存在和产生方法,虽然在实验中赫兹设计了巧妙的电磁波产生和检测装置,但实验的本意在于验证麦克斯韦的理论以及电磁波的存在,并非利用电磁波来作为通信的工具。

在赫兹实验之后,一些聪明人开始思考如何利用电磁波来传递人类社会中的信息。于是,对电磁波的研究从物理学家的手中传到了工程师和发明家的手中。

究竟谁是第一个发明无线电通信的人,这是一个颇有争议的话题。通常认为,俄罗斯人波波夫、美国人特斯拉和意大利人马可尼都是早期无线电通信的先驱。他们在不同的地点相对独立地做了大量实验工作。其中,尤其以马可尼做出的贡献最大,取得的商业成功最显著,影响也最为深远。

伽利尔摩·马可尼(Guglielmo Marconi)于 1874 年出生在意大利博洛尼亚(Bologna)一个富裕的家庭。由于家境富裕,少年马可尼没有去学校接受正规教育,父母专门请了一位大学教授指导马可尼自学各种科学知识。少年马可尼非常勤奋好学,他对物理学尤其是电学有着非常浓厚的兴趣,经常跑到大学的图书馆里阅读电磁学的各种书籍,其中自然也包括赫兹、法拉第、麦克斯韦等人的著作。他还在自己家阁楼的小实验室里动手做了很多电磁学方面的实验(图 1-14)。

图 1-14　马可尼和他的无线电收发装置

1. 发明无线电报

1894 年马可尼听说了赫兹电磁波实验。赫兹实验清楚地表明了电磁波的存在,并且可以光速在空中传播到远方。当时人们构想,也许人类利用这种波可以向远方发送信息。马可尼对此也非常感兴趣,基于赫兹实验,他自己设计并制作了发射机和接收检测装置,开始了利用电磁波传输信息的实验。

经过反复实验,马可尼取得了很大进展。他找了一块大铁板,作为电磁波发射的天线,把另一块铁板作为接收机的天线高挂在远处的一棵大树上,以增加接收电磁波的能力。他还自己动手改进了当时的金属粉末检波器,在玻璃管中加入少量的银粉,与镍粉混合,再把玻璃管中的空气排除掉。这样接收侧的电磁波检测灵敏度获得了很大的提高。

1895 年,马可尼在自己家的庄园里成功地进行了第一次无线电通信的实验。当远处的助手把发射端电路开关合上时,电路产生振荡进而发送无线电波,他守候着的接收机成功地接收到了信号,电路中的电流驱动了相连的电铃发出铃声。这次实验成功地把无线电信号发送了 1.5 英里(约 2.4 km)的距离。(注:百度百科马可尼)

马可尼发明的无线电装置外形如图 1-15 所示。马可尼无线电实验的发射机和接收机原理如图 1-16 所示。

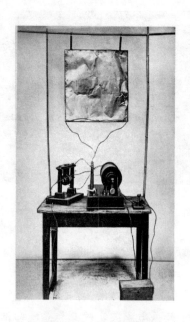

图 1-15　马可尼在 1895 年设计的电报发射机原型

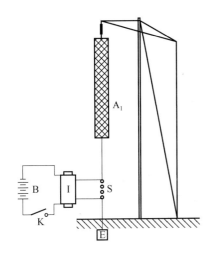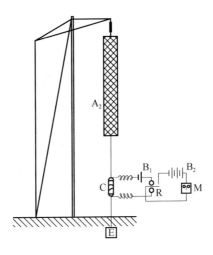

图 1-16　马可尼无线电实验的发射机和接收机原理图

1896 年马可尼携带他的无线电装置来到了英国,申请并取得了世界上第一个无线电报系统的专利。接下来,他在英国各地成功地演示了他的无线通信装置。1897 年 7 月,马可尼注册并成立了"无线电报及电信有限公司",即后来著名的"马可尼无线电报有限公司"。

此后,马可尼领导他的公司不断地改进他的无线电路和天线的设计,以增加通信的距离。到 1899 年,马可尼的公司成功地实现了跨越英吉利海峡的无线电通信,连接了英、法两个国家。

1901 年 12 月,马可尼成功地使用无线电波实现了英格兰康沃尔郡的波特休到加拿大纽芬兰省的圣约翰斯之间的通信,此次通信跨越了整个大西洋,距离达到 2 100 英里(约 3 381 km)。这次实验还首次证明了无线电波可以超越视距传输,并能克服地球表面弯曲的影响(也就是无线电波在长波波段的绕射现象)。

马可尼公司在 1901 年建造的位于 Poldhu 的无线电报基站如图 1-17 所示,后用于跨越大西洋通信实验。

无线电报发明后受到了很多关注。1909 年,一艘叫共和国号的汽船在大西洋上由于碰撞遭到毁坏而沉入海底,由于使用了无线电发报求救,船上多数人得以获救。

图 1-17　马可尼公司在 1901 年建造的位于 Poldhu 的无线电报基站

1910 年,马可尼因其在无线电通信方面的贡献而获得诺贝尔物理学奖。

1902 年马可尼无线电报有限公司位于爱尔兰都柏林的电台站点如图 1-18 所示。

图 1-18　1902 年马可尼无线电报有限公司位于爱尔兰都柏林的电台站点

马可尼去世于 1937 年 7 月。他为无线电通信做出了十分重要的开创性贡献,他的马可尼无线电报有限公司也取得了非常大的商业成功。

当然,在无线电通信的早期发展中,还有其他一些先驱者也做出过很大的贡献,其中值得一提的是俄罗斯人波波夫和美国人特斯拉。

2. 波波夫

俄罗斯物理学家亚历山大·斯捷潘诺维奇·波波夫(Alexander Stepanovich Popov)是俄罗斯海军鱼雷学校的电子学教师和实验室主任,他研究了赫兹的实验,并改进了检测器(coherer)的设计,以增加检测电磁波的灵敏度,从而增加电磁波的传送距离。1895 年 5 月 7 日,波波夫在俄罗斯物理化学学会展示了他的无线电发明,这一天后来在俄罗斯成为无线电日并予以庆祝。此后,他设计的通信装置发送信号的距离达到了 10 km 远。他还发明了一个装置,用于检测闪电的发生,这个装置被证明可以检测 30 km 范围内的雷电,可供森林防火之用。后来,波波夫成为圣彼得堡电子工程学院的教授。虽然名气远不如马可尼,但是他确实独立于马可尼做了不少成功的早期无线电通信的实验。

3. 特斯拉

尼古拉·特斯拉(Nikola Tesla)是塞尔维亚裔美国科学家,以发明交流发电机和三相电力传输系统而闻名。在赫兹实验后不久,特斯拉就产生了设计无线电通信装置的想法。1891 年,特斯拉发明了可用于发射和接收电磁波的特斯拉线圈,并申请了美国专利。但是在 1895 年,正当他准备在纽约州的西点进行一次实验时,一场意外的大火烧毁了特斯拉的实验室,破坏了他的实验计划。1898 年,特斯拉还发明了一种无线电遥控装置,可以用来遥控一艘船,他希望能卖给海军用来遥控鱼雷的运动轨迹。在 1960 年巴黎召开的国际计量大会上,为了纪念特斯拉在电磁学领域做出的重要贡献,用他的名字命名了磁通量密度的国际单位。美国人埃隆·马斯克(Elon Musk)所创立的电动汽车品牌也是以特斯拉命名的。

图 1-19 所示是尼古拉·特斯拉在他的实验室里,旁边是他发明的巨型电磁发射装置。

有一些人认为,特斯拉才是真正的无线电通信的发明人。马可尼在商业上取得了很大的成功,但是他的贡献更多的是在于工程上的改进和商业上的推广。特斯拉则构想了很多原创的好主意,并且很多时候都会通过数学和物理方法予以原理上的分析证明。

图 1-19　尼古拉·特斯拉在他的实验室里

在美国,特斯拉和马可尼因为无线电通信的专利进行了旷日持久的争夺战。直到两人都过世后,美国最高法院才最终判决把无线电通信的发明权授予特斯拉。

到今天,无线电通信的发明权究竟是谁的似乎已不那么重要,因为它其实是很多人共同努力的结果,不论是马可尼、特斯拉,还是波波夫,都既有他们自己原创的想法,也有很多工作是基于别人的成果之上所做的改进,用牛顿的话说,都是"站在巨人的肩膀上"。除了他们 3 位,还有一些其他的无线电先驱者做了很大的贡献,如法国人 Edouard Branly 发明了电磁波检测器(即在玻璃管中加入金属粉末,用于检测电磁波的装置,当有电磁波出现时,金属粉末会黏合在一起,从而导通线路中的电流),这是世界上第一个真正实用的无线电波检测器。如果没有它,在当时的条件下,较远距离的无线电通信根本无法实现。

正是在这些先驱者们所做工作的基础上,人类在 20 世纪初正式进入了无线电通信大发展的时代。

1.4 香农和信息论

早期的无线电通信只是简单地把少量信息通过莫尔斯电码从一个地点传送到另一个地点。人们并不特别关注信息的度量以及通信媒介（即信道）的容量等问题。人们一般认为，在给定频谱带宽和发射功率的前提下，为了在有噪声的信道中实现可靠的通信，唯一的办法是降低数据的传输速率，速率越低则通信越可靠。但是，香农的信息论改变了这一观点。信息论指出，通信信道存在一个容量极限，在这个极限之下，有可能实现无错误的数据传输。

克劳德·艾尔伍德·香农（Claud Elwood Shannon）于 1916 年出生于美国密歇根州的一个小镇，他的父亲是一名法官，母亲是中学的语言教师。香农 1936 年毕业于密歇根大学并同时获得了数学和电子工程学士学位。香农 1940 年获得麻省理工学院（MIT）数学博士学位和电子工程硕士学位。香农 1941 年加入贝尔实验室并从事研究工作，一直到 1972 年，其后他一直在麻省理工学院教书。香农在 1950 年设计的会走迷宫的机械老鼠 Theseus 如图 1-20 所示。

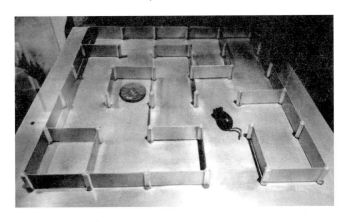

图 1-20　香农在 1950 年设计的会走迷宫的机械老鼠 Theseus

香农在通信理论、密码学、计算机、数字电路设计、遗传学等很多领域都有很大的贡献。早在 1937 年，当时还是麻省理工学院研究生的香农就在他的毕业论文中提出了在数字电路设计中采用布尔代数的方法进行逻辑设计的方法，这一方法被电子工程师们用于电路设计，一直到现在。

在第二次世界大战中，香农对密码学进行了深入的研究和分析，并和英国密码学大师图灵进行了非常有成效的交流讨论。香农的数学造诣很高，他擅长运用数学方法去解决某个通信、电子、密码学领域中的问题。

香农最大的成就是他所创立的信息论（information theory）。信息论创立的标志则是 1948 年 7 月和 8 月，香农在贝尔系统技术杂志（*Bell System Technical Journal*）上连载发表的论文《关于通信的数学理论》（"A Mathematical Theory of Communication"）。

在 1948 年之前，通信一直是一个基于实验的纯工程的领域，并没有太多的理论基础支持。虽然人们已经发明了一些进行通信的装置（如电报、电话）和技术〔如信号的幅度调制技术、单边带调制技术、频率调制技术、脉冲编码调制（Pulse Code Modulation，PCM）技术、跳频技术等〕，但是关于通信的理论知识比较碎片化和工程化，人们对于通信的认识没有形成一个统一的理论。

与此同时，对信息论的形成起到关键作用的一些基本元素已经出现。例如，人们在电报通信中用到的摩尔斯码，即根据信息源（如英语单词）中的单词出现的频率（概率）进行编码，以使发送效率最大化（即将较长的码分配给出现频率较低的单词，而把较短的码分配给出现频率较高的单词）；又如 PCM，即对模拟信号先进行数字化的处理，然后再发送，在香农的信息论中也同样采用了离散的方法来对信息进行描述。

特别值得一提的是，香农在贝尔实验室的同事哈里·奈奎斯特（Harry Nyquiste）、拉尔夫·哈特利（Ralf Hartley）等在 20 世纪 20 年代做的一些基础工作。奈奎斯特在 1924 年对通信系统做过一些非常基础的分析，他在分析中讨论了"intelligence 的传输速度"，其中的"intelligence"其实就是香农后来所说的信息。奈奎斯特还在 1928 年提出了著名的采样定理，即把模拟信号通过离散信号准确表达出来的方法，使得模拟信号可以通过数字信号的方式来实现传输，这成为现代数字通信的基础。哈特利在 1928 年首次使用了"信息"的概念，来表达接收者区分不同符号的能力。他甚至还建议采用对数（log）函数来度量"intelligence"，即在事件出现等概率时，信息的度量可利用函数 $H = n \log s$ 来进行。不过这些早期的工作局限于各自讨论的问题，并且不全面，也缺乏系统性。

在 1948 年的著名论文中，香农首先建立了一个通用的通信系统模型（如图 1-21 所示）。他把通信系统划分为如下几个部分。

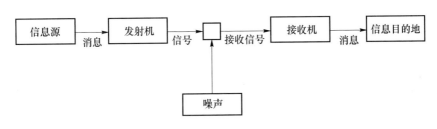

图 1-21　香农信息论中的通信模型

① 信息源。信息源指产生信息的人或机器。信息可以是一个字符、序列（如电报），也可以是某个时间和其他变量的函数。

② 发射机。用于对信息进行某种操作，以得到适当的信号。比如，电话机把语音转换成电流。在现代通信中，复杂的信息可能会经过采样、量化和纠错等操作。

③ 信道。信道即传输信号的媒体。

④ 接收机。接收机进行的操作是发射机的逆操作，接收机对信号进行接收、解码，提取有用的信息。

⑤ 信息目的地。信息目的地是位于发射机另一端的人或机器。

⑥ 噪声。噪声是现实生活中无法回避的干扰，包含附加信号、随机干扰、静电、电路失真等。在无线电通信的早期，工程师们克服噪声的唯一方法就是加大发射功率。香农解决这个问题的方法则是把信息看作一连串的符号，通过对符号进行编码，使得接收侧可以纠正通过噪声信道出现的错误。

在建立了通信的理论模型后，香农首先从理论上阐述了信息的概念并建立了信息源的模型。他认为,信息的价值在于消除不确定性。因此,信息的量和事件的不确定性有很大的关系,信息源越无序则它所包含的信息量就越大。因此,香农定义了一个叫信息熵(entropy)的概念来度量这种不确定性。

熵原本是物理学家创造出来的一个数学函数,最早由德国物理学家鲁道夫·克劳修斯提出。它与任何一个给定的分子运动模式的数学概率都有联系,表达的是一个物理系统中微观状态的不确定性。根据热力学原理,在一个封闭的系统中,分子的有序运动都有变成无序运动的趋势,所以熵总是向较大的数值方向进行,而且这一过程是不可逆的。

物理学家玻尔兹曼把熵定义为

$$S = k \ln \Omega$$

其中 k 是一个常数,又被称为玻尔兹曼常数,Ω 则代表所有的微状态数目。

在热力学中,熵代表了一个系统的无序度。

在信息论的研究中,香农考虑的是一个函数度量,它可以作为信息的度量单位,即信息事件的不确定性。在信息论中,香农把信息的度量定义为如下的函数,即

$$H = -\sum_i p_i \log_2 p_i$$

其中 p_i 为事件 i 出现的概率。从熵的定义中我们可以看到,信息量和系统出现的选择与事件数呈单调上升关系。选择越多,事件的不确定性(信息量)也就越大。在事件发生概率为等概率的情况下,这个函数的意义比较好理解。比如,丢一枚硬币有正反面两种等概率的可能性,掷骰子的结果则有 6 种等概率的可能性,经过计算,前者的熵值为 1 bit,后者为 2.6 bit,后者所包含的信息量多于前者。在不等概率的情形下,事件发生越接近等概率,则不确定性(熵值)就越大。

之所以在表达式中引入了对数函数,香农的解释如下。

① 在工程上具有实用性。在工程上,很多重要的度量都采用了对数函数的表达方式。

② 符合人类的直觉。人类的直觉可通过对数函数来描述。

③ 在数学上易于处理。

我们知道，一个复合事件的概率等于组成这个事件的各独立事件概率的乘积。而对于信息的度量我们则希望它们是加性的关系，即复合事件的信息量是通过多个独立事件获得的信息量之和。这也是在熵的定义中引入了对数函数的原因。

此外，香农年轻时研究过布尔代数和数字电路设计，这对于他采用以 2 为基底的对数函数也许有一些启发。由于在对数函数中以 2 为基底，所以香农还把相应信息的度量单位称为比特（binary digit，bit）。现代通信系统都以比特作为度量单位（如每秒传送多少比特）。

要理解熵函数的含义，可以考虑下面这个简单的例子。考虑两支球队比赛，如果一支球队明显强于另一支（比如国家队对校队），则比赛结果毫无悬念，几乎是确定事件，那么比赛的结果所带来的信息量基本上接近于 0。如果两支球队势均力敌，胜负的概率各为 50%，那么比赛就具有很大的不确定性，比赛结果的信息量此时达到最大。而当比赛在两支国家队之间展开时，比赛结果的信息量介于以上两种情形之间，即在 0～1 之间。

如果我们依照香农的定义把球队比赛这一事件的熵函数画出来的话（如图 1-22 所示），可以发现，熵函数完美地表达了这一概念。

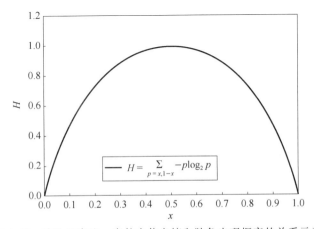

$$H = \sum_{p=x,1-x} -p\log_2 p$$

图 1-22　球队比赛这一事件中信息熵和胜负出现概率的关系示意

不过,香农以熵函数来作为信息的度量单位并不是因为受到热力学中熵的启发,虽然两者之间有相似性,事实上,最初他也没意识到他所定义的信息度量和热力学熵之间的内在联系。据说,在信息论的研究过程中香农曾和冯·诺依曼讨论,如何为他所定义的这一信息度量单位取个名字。冯·诺依曼建议他把这一度量单位取名为熵,并且幽默地说:"首先,你所定义的这一信息量的度量和物理热力学中熵的度量是很相似的。其次,世上很少有人真正弄明白了熵到底是什么,以后在学术讨论中如果发生争执的话,他们都得听你的。"于是,香农就采纳了这一建议,把这一信息度量单位称为熵,通常在通信中我们又称之为信息熵,以区别于物理学中熵的概念。

那么,信息量的定义是否是唯一的?或者说,信息是否还可以用其他的度量方法来测量?也许信息量是还可以用其他的方法和数学函数来描述的,这些函数同样可以表达事件的不确定性,不过,它们将无法满足其他的一系列特点和条件,例如,我们会希望信息熵是一个连续函数;在等概率的情形下信息熵应该和事件发生的可能个数成单调上升关系;信息熵允许被分解为一系列子事件等。目前看来,还没有比香农所定义的信息熵更有意义的信息度量。因此,香农对信息熵的定义是自然的。

在确立了信息的度量单位后,香农又分析了信息通过信道的情况,进而提出了信道容量的概念。

香农通过分析信息在经过信道之前和之后的情况,得出如下结论。

具有一定带宽和噪声特性的信道能可靠传送的数据速率 R 是有容量极限的。信道容量极限 C 可以表示为

$$C = B\log_2\left(1 + \frac{S}{N}\right)$$

其中 B 为信道带宽, S 是信号功率, N 是噪声功率。

只有当信息传输的速率 R 低于信道容量 C 时,通过适当的编码处理,才可以使得接收端的错误概率任意小,即实现可靠的通信;反之,当传输速率 R 大于信道容量 C 时,要想可靠地实现信息传送是不可能的。这一定律称为香农-哈特利信道容量定律。

对于这个定律,比较直观的理解如下。

- 当我们增加传输信道的带宽时,电信号的变化速度可以更快,因此可以传送的数据自然也就多了。

- 当接收侧的信噪比 S/N 增加时,能可靠传送的数据速率自然也增大。

香农-哈特利信道容量定律明确定义了给定的发射功率、信道带宽、噪声和信道容量之间的关系,这一关系的频谱效率表达方式如图 1-23 所示。

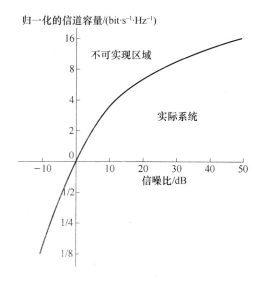

图 1-23　归一化的信道容量和信噪比的关系示意

从图 1-23 中我们可以看出,在信道带宽一定的前提下,信道容量和信噪比之间存在对数关系,因此,靠增加发射功率和提高信噪比可以提升数据传输速率,但是它们之间并非是线性关系。到达一定限度后,发射功率的提升对于频谱效率的提升帮助会越来越小。

通信系统设计师的目标很多时候就是用尽可能少的频谱带宽、发射功率以及系统复杂度来可靠(可靠的指标通常被定义为低于一定的比特错误率)地传送更多的数据。这就常常需要根据具体情况在带宽、发射功率、数据传输率这些参数之间做出平衡选择。此外,通信系统设计师通常会面对各种约束条件,比如,政府可能会对使用的频率、带宽资源,以及允许的最大发射功率做出限定;应用的场景有时候可能会对设备功耗和电路处理的延迟有一定的要求。这些约束条件都是通信系统设计师在设计系统和平衡调制/编码方案时需要考虑的。香农的信息论对通信系统的设计具有很强的指导意义。

香农还证明,在发送信息时巧妙地增加冗余度(从而增大所有可能出现的序列之间的距离测度),可以大大地提高数据传输的可靠性,甚至可以无限地逼近信道容量的极限。不过香农的证明依赖的是信息的概率分布特性,他并没有指出构造这些码的具体方法。

香农的这一发现触发了信道编码理论的发展。使所设计的通信系统尽可能地逼近信道容量 C,是通信系统设计师们孜孜以求想要实现的目标。

早期最简单的 BPSK(双相移键控)数字通信系统在没有编码的情况下所能实现的性能比香农极限差了约 11.2 dB。后来,人们通过使用信道编码技术,大大地改善了通信系统的性能,尤其在 Turbo 码出现后,所能实现的性能在原先BPSK 系统的基础上有了约 10 dB 的改善,非常逼近香农极限。在 5G 中所使用的新型编码如 LDPC 码和极化码(polar code)则更进一步地逼近了香农极限。

在信息论和通信理论中,很多分析都以加性白高斯噪声(Additive White Gaussian Noise,AWGN)为噪声分布的假设,这是由于大自然中(包括无线通信的信道和电子线路)很多时候噪声的分布确实具有高斯分布的特性。事实上,从统计上也可以证明〔参考概率论的中心极限定理(central limit theorem)〕,大量随机过程的叠加趋于具有高斯分布的特性。此外,高斯分布在数学上也较容易处理推导,适于理论分析,并由此获得有理论意义的结果。

当然,理论并不能涵盖所有的现实场景,实际的无线通信信道是十分复杂的,需要通信工程师们设计各种信号处理的环节才能保证通信的质量。此外,为了完全达到信息容量,需要假定很大的编码块,这在实际中也是不可能的。因此,理论的意义更多地在于建立一个通用的框架,以对实际工作起到指导作用。

除了信息通过噪声信道时的容量问题,香农还研究了如何利用概率分布去除信息源(如英语词汇)中的冗余量,从而达到减少所需要传输数据量的目的。香农还证明了,对某个信息源进行编码,码的平均长度一定会大于信息源的熵值。此外,存在一种编码方式,其编码的平均长度无限地接近信息源的熵。后来,他和 Fano 一起提出了一种信源编码的方法(Shannon-Fano 码),充分利用了不同符号间的概率差异,达到了减少数据量的目的。这一部分的研究后来成为现代信源编码的基础。三年后,Fano 教授的学生大卫·霍夫曼(David Huffman)在此基础上发明了一种更先进的编码方法,即著名的霍夫曼编码(Huffman coding),后来该编码得到了非常广泛的应用。现在我们所使用的图像语音和文件压缩技术(如 jpeg、mp3、zip)都部分采用了这一编码技术。后来,香农开辟了通信中的另一个重要的领域(即信源编码理论)。

香农提出的信息论是现代通信理论的基础,他定义了信息的度量,并开启了信源编码和信道编码两个重要的学术和工程领域,一个通过消除冗余以提高对信息表达的效率,另一个通过巧妙地增加冗余以实现可靠的通信。

香农所定义的信道容量则是一个路标和极限,在他之前人们并不知道通信系统能够达到的潜力。信息论指明了通信系统所能达到的目标和所能实现的潜力。所以,香农被称为现代通信理论的开山鼻祖是当之无愧的。

如果说电磁波及其空间传播特性的发现是无线通信的前提条件,那么信息论的出现则为现代通信的发展提供了完整的理论基础。

1.5　现代移动通信系统的构成

到目前为止,我们所介绍的只是一个端到端的发送机与接收机。在实际中,我们见到的是通信网,即由很多组件构成的大系统,其构成原理如图 1-24 所示。

手机　　　　　基站　　　　　核心网　　　　　互联网

图 1-24　现代移动通信系统的构成示意

在移动通信系统中,手机(或别的用户终端设备)通过基站设备接入通信网络,进而通过承载网进入运营商的核心网,核心网的主要功能在于实现用户管理(呼叫的连续、计费、移动性管理等),并且对数据进行分拣,实现承载连接,然后再接入互联网,这样就构成了一个完成的通信网。

户外常见的基站射频单元和天线外观如图 1-25 所示。

图 1-25　户外常见的基站射频单元和天线外观

第2章
早期的移动通信

2.1 模拟通信的基本原理

　　早期马可尼等无线电先驱者们发明的无线电报只能传输莫尔斯电码中的点和划,而不能传输人类的语音。直到 1915 年,基于亚历山大·贝尔先生发明的有线电话,人们通过无线电进行了第一次模拟的语音通信,即把麦克风所产生的语音电信号通过调幅(Amplitude Modulation,AM)或调频(Frequency Modulation,FM)方式在无线电波上传送,无线电才被用于传送语音和音乐。不过,当时的无线电通信多为专用的,主要用途为广播、公共安全、紧急通信等。

早期无线电通信示意如图 2-1 所示。

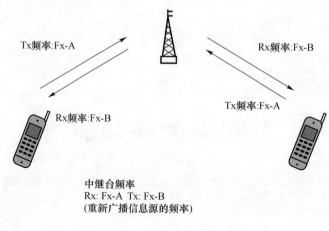

Tx频率:Fx-A

Rx频率:Fx-B

Tx频率:Fx-A

Rx频率:Fx-B

中继台频率
Rx: Fx-A Tx: Fx-B
(重新广播信息源的频率)

图 2-1　早期无线电通信示意

　　早期的模拟无线电通信系统采用了幅度(或频率)调制和频分多址接入技术。这里出现了两个非常重要的概念,一个是调制(modulation),另一个是多址接入(multiple access)。

1. 调制

　　所谓无线电通信中的调制,就是把所要传递的信号(通常为语音信号)通过某种方式搬运到一个较高的载波频率上去,然后通过发射机和天线发射出去。

　　1875 年由亚历山大·贝尔发明的电话系统是不需要调制与解调的,语音被麦克风转换成模拟电信号后,直接可以通过电话线传送,其原理如图 2-2 所示。但是,这是在有线通信中,即发射端和接收端有电线相连接。而在无线电通信中,情况则不太一样,低频率的语音信号并不能直接被天线发送出去,这是由无线电波的特性所决定的。

　　根据电磁波的特性,当发送天线的尺寸和所发送信号的波长为一个数量级时,如 1/4 波长,电磁波才能被有效地发送出去。其中波长等于光速/频率,光速为 $3×10^8$ m/s。一般人们说话经过麦克风产生的语音信号频率低于几千赫兹,由于频率较低,其波长达到了几万米,这样的信号是无法通过天线由无线电波发送出去的。

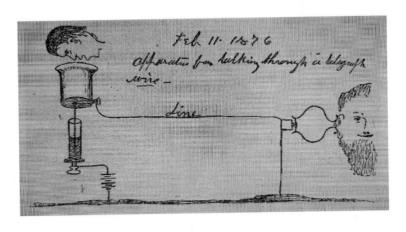

图 2-2　早期有线电话的通信原理

因此,人们想了一个办法,即首先把这种信号"搬运"到较高的频率(比如几十兆的频率)上,再通过天线发送出去,那么此时所需要的天线尺寸就要小得多(比如几厘米)。这就是所谓的调制过程。在接收端,则通过某种信号处理的方法,进行发射过程的逆操作,把语音信号恢复出来,这个过程叫做解调。无线电通信整个调制与解调的信号处理过程如图 2-3 所示。

图 2-3　模拟无线电通信中的调制与解调

早期人们发明了两种对模拟的语音信号进行调制的方法,即所谓的幅度调制和频率调制,分别如图 2-4 和图 2-5 所示。

幅度调制是使发射的无线电载波信号的幅度按照所需传递信号的变化规律而变化的调制方法。在接收侧,则通过检测接收载频的幅度变化而获得原始信号。

频率调制则是使发射的无线电载波信号的瞬时频率按照所需传递信号的变化规律而变化的调制方法。在接收侧,则通过检测接收载频的频率变化而获得原始信号,这一调制方法被广泛地应用于调频广播、电视伴音、微波通信等方面。无线电信道中通常存在各种加性的干扰信号和噪声,相对于幅度调制,频率调制的抗干扰能力要好得多。

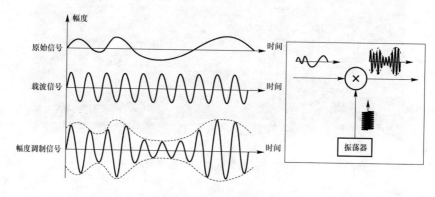

图 2-4 幅度调制示意

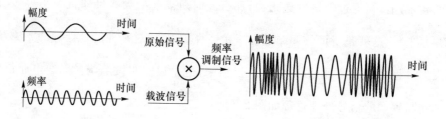

图 2-5 频率调制示意

调制解决了语音信号通过无线电波传送的问题,但是,这只适用于在通话中的某一对用户之间。在同一区域中,如果有不同的用户对在同时通信,不经过协调,他们之间就会出现相互干扰,而且彼此可以听到对方讲话。

因此,为了把若干不同用户的信号在一个区域空间内传送,避免相互间的干扰,还需要引入所谓的多址接入技术。早期的移动通信系统普遍采用了频分多址接入(FDMA)的方法,解决不同用户共享同一区域内的无线资源的问题。频分多址接入则可以追溯到马可尼时代。

马可尼在发明了无线电报后,又在他的发明基础上增加了调谐滤波的概念,即在无线信号发射机(由电容器和线圈构成)的谐振电路中,通过调整电容器和线圈的参数,使得不同发射机电磁波的中心频率(即对应的波长)各有不同,从而达到互不干扰的目的。在接收机部分也是如此,只有调谐到和发送机一致频率的用户才能接收对应的发送信号。1900—1920 年马可尼时代常用的火花塞发射机原理图如图 2-6 所示。

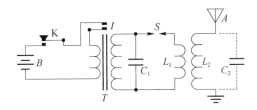

图 2-6　1900—1920 年马可尼时代常用的火花塞发射机原理图

就这样,在同一区域内的不同用户组可以使用不同的频率点相互传送信息。马可尼为此申请了专利。这实际上就是无线电通信中最早使用的频分多址技术。频分多址接入示意如图 2-7 所示。

用户1　　　用户2　　　用户3　　　…　　　用户N

频率f

图 2-7　频分多址接入示意

现代无线通信大多使用小区制基站接入的方式,某个小区内的手机用户通过基站接入电话网络。一个小区内通常会有很多用户,他们通过多址接入技术共用同一个基站,共享其中的频率资源。

早期的无线电通信系统大多采用了频分多址(FDMA)的方式,系统的频率带宽被分隔成多个相互隔离的频道,每个用户占用其中的一个频道,即采用不同的载波频率,通过滤波器过滤选取信号并抑制无用干扰。这样各子信道可同时使用。为了确保各个隔离的子信道间相互不干扰,子信道间需要预留保护带宽。频分多址是早期使用非常广泛的一种接入方式,实现起来非常简单,被应用于AMPS、TACS 等第一代无线通信系统中。在频分多址中,每个移动用户进行通信时都占用一个频率信道,频带利用率不是很高,相互间也容易产生干扰。

2.2 早期的商用无线电通信系统

无线电通信在第二次世界大战中显示了其军事价值。早期的商用无线电通信则起步于第二次世界大战后的美国。当时,经历了战争的世界各国一片废墟,人们忙于重建家园,对于无线电通信并没有太大需求。而美国则由于本土未受到战争的影响,受到的损害最小。因此,当别的国家都在忙于重建家园的时候,美国人民已经开始对无线电通信的商业化产生兴趣。此外,美国的贝尔实验室在战争中培养了大批优秀的通信电子专家和工程师,生产军用对讲机的摩托罗拉公司则在第二次世界大战中积累了丰富的无线电通信设计与生产经验。这些都构成了第二次世界大战后美国领导无线电通信发展的基础。

1946 年,美国的 AT&T 公司(公司的前身即电话的发明人亚历山大·贝尔在 1880 年创立的贝尔电话公司)开始在全美多个城市开通公共无线电话系统,即MTS(Mobile Telephone System)。MTS 通信示意如图 2-8 所示。

当时的无线电通信系统非常简单,采用的方法就是把一台无线电通信发射机架设在高处(如山或者高楼的顶上),一次覆盖上千平方英里(1 平方英里 = 2.59 km²)的区域范围,区域内的通话者通过该发射站点以及其他接收站点接入公用电话交换网(PSTN)进行通话。

在同一个城市区域内通常有一个发射站点和若干个接收站点,这主要是考虑基站可以使用很高的发射功率,以实现广域覆盖,而车载的电台则只能用较小的发射功率,因此其通信范围较小。

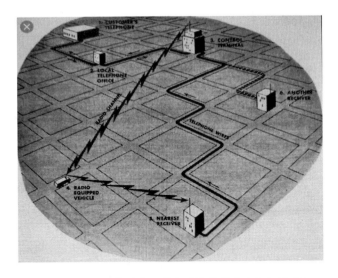

图 2-8　MTS 通信示意(《贝尔系统技术杂志》,1922 年)

在这样一个无线电通信系统中,同一个频道要想重复使用,必须要间隔 50 英里(1 英里＝1.61 km),甚至是更远的距离。因此,从全美国范围来看,频谱资源无法得到很好的利用,总的系统容量很低。在同一个城市区域,可供通话用的无线频率资源非常有限。例如,在纽约有数百名注册的移动用户,但是却只有 12 组通话信道,每个信道大约要支持 60 个用户。人们每次打电话时都要先排队等候很长时间。

此外,MTS 不支持拨号的功能,通话的线路连接需要通过接线员帮助。

由于语音调制采用的是模拟调制方式,所以任何人都可以听到信道上别的人正在进行的通话,人们在进行无线电通信时无法讨论商业秘密,或者谈情说爱,因为毫无秘密可言。

毕竟这一新出现的无线电通信系统满足了人们在移动中通话的需求,因此在这一时期,人们对于成为移动用户还是非常感兴趣的,有很多人等着加入移动网络,想要注册成为用户要经过很长的等待期。在这一时期,拥有移动电话是身份和财富的象征。

到 1965 年,AT&T 推出了一种改进型的无线通话系统(Improved Mobile Telephone System,IMTS),IMTS 可以同时支持多达 32 个无线信道,并且支持无须操作员介入的用户直接拨号。用户车载终端设备的体积与质量也都大大地减小了。

此外,美国联邦通信委员会(FCC)同意增加更多的频率资源用于公众无线电话。因此,美国的无线电话系统获得了进一步的发展。以纽约为例,当时的移动用户数超过了 2 000 人。

不过,用户要想打个电话,平均等待时间仍然长达 30 min。尽管服务费和通话费都极其昂贵,用户数还是快速增加,并且很快就趋于饱和,等待加入网络的用户平均要等待 3 年多的时间。移动电话依然供不应求。

无线电通信系统能支持的用户数一直受到频谱资源的限制。由于人们对于无线电通话的需求十分旺盛,因此增加无线电通信系统的容量成为那个时期的当务之急。

此时,AT&T 属下的贝尔实验室提出了蜂窝移动通信系统的概念,完美地解决了这一频率和容量的难题,蜂窝移动通信系统成为此后几十年直至今日移动通信系统的主流架构。

2.3 贝尔实验室和第一代蜂窝移动通信系统

1. 贝尔实验室

贝尔实验室成立于 1925 年,当时,美国唯一的长途电话公司 AT&T 在脱离了亚历山大·贝尔(电话的发明人)所创立的贝尔电话公司后,生意兴隆,趁势收购了其设备供应商西方电器公司的研究部门,两者的工程研究部门合并成贝尔电话实验室。贝尔之名来自电话的发明者亚历山大·贝尔先生。成立初期,贝尔实验室总部设在美国纽约(后迁至新泽西州的 Murray Hill)。他是一个在全球享有极高声誉的研究开发机构,成立时的主要宗旨是进行通信科学的研究。新泽西州 Holmdel 贝尔实验室外景如图 2-9 所示。

图 2-9　新泽西州 Holmdel 贝尔实验室外景

当时的 AT&T 从美国蓬勃发展的电信业中获得垄断利润,研究经费十分充足。因此贝尔实验室的研究领域实际上远远超出了通信科学的范畴,涵盖了信息技术、数学、物理、材料、计算技术等各个方面。除了作为 AT&T 的研究部门,贝尔实验室同时也为美国政府做研究和咨询。

贝尔实验室网罗了美国最优秀的科学家和工程师,实验室先后有 11 人获得了诺贝尔奖。在贝尔实验室全盛的 20 世纪 70 年代,这里每年要发表 2 000 多篇学术论文,申请 700 多项专利,是当时世界上最大的工业研究机构,被誉为“思想工厂”和“皇冠上的钻石”。

贝尔实验室开创并发明了许多革命性的技术,如无线电天文学、晶体管、激光技术、Unix 操作系统、编程语言 C/C++、太阳能电池、CCD、MOSFET,以及大量的通信技术和系统。

在通信领域,贝尔实验室一直是业界的执牛耳者。光纤、信息论、蜂窝网、OFDM(后来成为 4G 的核心技术)以及 MIMO 技术都是在贝尔实验室完成的概念性工作。

当年的贝尔实验室代表了全球科技的最高水平。由 AT&T 提供的充足的研究经费、优秀的科学家群体、宽松自由的研究环境、对基础研究和创新的重视都是其获得巨大成功的重要原因。

但是到了 20 世纪末，贝尔实验室的命运随着 AT&T 的拆分而发生了巨大的变化。1984 年，美国司法部依据反垄断法拆分了 AT&T，产生了专营长途业务的 AT&T 和 7 个区域性的贝尔子公司。美国电信市场的竞争日益加剧，此举对消费者是很有好处的。不过，电信企业的利润也就大大地下降了，贝尔实验室的研究经费也大受影响。

到了 1996 年，AT&T 的设备研发和生产部门从总公司分离出去，成为朗讯科技公司（以下简称"朗讯"，Lucent），朗讯不仅给 AT&T，也给其他的电信运营商如 MCI、Sprint 提供设备。贝尔实验室也跟随设备研发和生产部门从 AT&T 分离出去，成为朗讯的一部分。

朗讯成立后在通信市场上一直表现平平，虽然有过短暂的发展，但是后来在瑞典的爱立信、芬兰的诺基亚、加拿大的北方电讯、法国的阿尔卡特，以及日益崛起的中国公司华为和中兴的竞争压力下，业绩表现非常不理想。朗讯又不幸赶上了 2000 年美国互联网泡沫破裂，电信行业投资下滑，投资人失去信心，朗讯的财务状况日益恶化。贝尔实验室也经历了大规模的经费缩减和人员裁减。许多实验室的研究人员转向研究能快速挣钱的方向和产品，至此，贝尔实验室进行前瞻性、开创性研究的能力开始下降。

2006 年，亏损严重的朗讯宣布和阿尔卡特公司合并，成立了阿尔卡特朗讯（以下简称"阿朗"，Alcatel-Lucent）。但是，合并后的阿朗并未让两家公司走出困境，其财务状况也不乐观。2008 年起，阿朗宣布不再支持贝尔实验室的基础研究，以及其在材料物理和半导体方面的研究，转而支持在市场上可以看到短期效益的研究方向，如网络技术、高速电子、无线网络、纳米技术和软件。

2015 年，阿朗被芬兰诺基亚收购，贝尔实验室正式成为诺基亚的一部分。今天的贝尔实验室虽然仍具有很强的科研创新能力，是通信、电子领域顶尖的研究所，但是已经没有了往日的辉煌。

2. 蜂窝网的概念

1947 年,AT&T 在美国的圣路易斯开通了第一个使用 150 MHz 频段的被称为 MTS 的商用无线通信系统,其后又在美国多个城市开通了移动电话服务。MTS 的基本通信方式是大区制的,即一个城市由一个基站提供服务。通信的容量受到很大限制。

贝尔实验室的工程师杨(Young)当时正在从事移动电话在城市和高速公路沿途覆盖能力的研究。他发现,如果以类似于蜂窝的方式来安排小区并分配频率资源,可以大大地减少不同覆盖区域的同频干扰。杨后来成为贝尔实验室蜂窝移动通信系统部门的负责人,并在 1964 年成为 IEEE 的院士。

他的同事道格拉斯·林(Douglas Ring)基于杨的基本思路又做了延伸和扩展,并在 1947 年 12 月的贝尔实验室技术备忘录中正式提出了蜂窝网的概念。图 2-10 为蜂窝网概念草图。

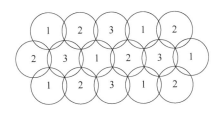

图 2-10　蜂窝网概念草图(3 个频率情形)

蜂窝移动通信系统的核心思想是频谱资源的空间复用,即把无线系统按蜂窝的方式划分为小区,通过控制每个小区的发射功率,同样的频率资源可以被在空间上保持一定距离的不同用户所使用而相互之间没有干扰。

在如图 2-11 所示的频率复用模式中,每 7 个小区构成一个小区族,频率的复用率为 1/7,假定总共有 490 个信道,那么每个小区就有 490/7＝70 个信道。在整个大区域范围内,由于可以划分为很多小区,由此可支持的用户数量大大地增加了。与此同时,由于小区的区域范围变小了,所以用户终端的发射功率和耗电量大大地降低了。

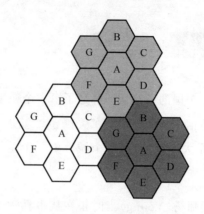

图 2-11　蜂窝网的频率复用模式示意

于是,在 1947 年,贝尔实验室向美国联邦通信委员会(FCC)提出了部署"城市宽带移动系统"的提案,并建议在 100～450 MHz 之间取 40 MHz 带宽的频谱,用于部署蜂窝移动通信系统。但是,提案遭到了 FCC 的否决,原因是当时没有多余的频率可分配给移动通信使用。1958 年,贝尔实验室又向 FCC 提议分配 764～840 MHz 频段做蜂窝移动通信系统,但再次遭到了否决。在当时的情况下,把有限的频率资源用于广播电视以及应急通信也许更有社会价值。

因此,蜂窝网的概念虽然在 1947 年就已经提出,但是其真正大规模试验实现则一直拖到了 20 世纪 70 年代。

3.第一代蜂窝移动通信系统

到了 1968 年,FCC 发现,当时分配给电视的 UHF(特高频)频段并没有达到预期的社会效果。因此,FCC 就开始考虑把原先用于电视播放的 UHF 部分频率用于移动通信。

1971 年,AT&T 在做了充分的研究试验后再次向 FCC 提出了部署"高容量移动电话系统"的非常详细的提案("High Capacity Mobile Telephone System Feasibility Studies and System Plan", Joel Engel, Richard Frenkiel, Philip Porter)。提案建议把该 UHF 频段重新用于部署蜂窝移动通信系统。

但是在当时,许多人并没看到蜂窝移动通信系统的价值。如当时老牌的通信巨头摩托罗拉对蜂窝网概念提出了反对意见(当然,这也可能是因为摩托罗拉试图保持其模拟大区制移动系统制造商的垄断地位,因此希望延迟蜂窝移动通信系统部署的时间表,以作更充分的准备)。电视运营商也表示反对,他们并不希望放弃这个频段,希望继续用这一频段做电视直播。此外,贝尔实验室内部也有怀疑的声音,人们怀疑蜂窝移动通信系统的可行性和市场价值。

一些小的设备商则视其为一次翻身的机会,非常支持 AT&T 提出的这一新概念。为了获得更多厂商的支持,AT&T 承诺以后会专注于移动网络的运营,而放弃设备的生产制造业务。

1971 年后,AT&T 开始进入面向蜂窝移动通信系统商业应用的设备开发和测试。在当时,蜂窝移动通信系统的实现存在很多非常实际的困难需要解决。比如,蜂窝移动通信系统采用了频率在不同地理区域内复用的概念,由于相邻小区不能使用同一频谱,因此在整个大范围内(如一个国家)系统就需要大量的无线信道和频谱资源。而当时的频谱资源主要集中在低频段,十分稀缺。又比如,用户在不同小区出现时需要重新在基站侧登记注册,否则别的用户就无法找到该用户,如何实现登记注册也是个问题。

此外,由于在一个小区内基站的服务区域大大地减小了〔从大区制的上千平方英里(1 平方英里＝2.59 km²)减小到了数平方英里级别〕,因此,在行驶的车辆中使用移动电话的人就很容易会在通话的过程中跨越不同的小区。此时,如何保持通话的连续性是个大问题,需要做小区间的连续切换,否则语音通话就会被不断中断。在当时的技术条件下,要实现小区的切换并不那么容易,这将大大地增加基站和移动终端的复杂性,信令协议的处理也会变得很复杂。AT&T 后来开发了一套电子交换系统(Electronic Switching System,ESS),通过软件方法实现了自动切换功能。

蜂窝移动通信系统服务区域的减小也带来了一定的好处,由于用户终端的发射功率可以大大地减小,所以其体积、质量、功耗都得以减少,这就使得实现小型化的手持式终端成为可能。

在理论上,蜂窝移动通信系统覆盖了小区每个六角形蜂窝区域内的所有地方。但是在实际中,由于无线信道的特性,电波的传播和每个小区的自然地理环境关系很大,许多小区内存在覆盖不到的区域,有的地方则会和别的小区相互重叠并且相互干扰。因此,外场试验的效果很多时候是个统计和概率问题(如呼叫成功率、连续通话时长、切换成功率等)。此时,出现的很多问题都是 AT&T 的无线工程师们以前没有碰到过的。

基站小区的半径变小,带来的另一个问题是需要建设大量基站才能实现某个区域的全覆盖,这使得整个系统的建设成本非常高昂。

在这一时期,电子行业出现的很多技术进步使得蜂窝移动通信系统设备的实现成为可能。例如,前面提到的贝尔实验室开发的可编程中央电子交换系统(ESS)使得用户小区注册和移动时小区间切换得以实现;还有集成电路技术的进步使得移动终端的小型化成为可能;射频合成器(synthesizer)的出现使得移动终端可以灵活地切换到不同的频率点;计算机的小型化使得更为方便地控制复杂的基站成为可能。

随着时间的推移,区域中的无线用户数一般会不断增加,甚至达到饱和。为此,贝尔实验室后来还提出了小区分裂的概念。这是一种通过降低发射功率从而缩小小区半径(同时也增加了小区个数),而与此同时保留原有站点的方法。后来,在实际的蜂窝移动通信系统中,人们又通过定向天线采用了扇区化的方法(即把一个小区划分为 3~6 个扇区),以提高小区中信号干扰比和容量。

1977 年 3 月,经过很长时间的研究讨论,FCC 正式批准了试验蜂窝移动通信系统。次年,AT&T 开始在芝加哥和新泽西州的 Newark 两地进行外场试验。芝加哥试验网成为世界上第一个蜂窝移动通信系统。试验网包括一个大型的中央交换系统、10 个无线蜂窝小区,以及由 3 家不同厂商提供的 2 000 多台移动终端。

与此同时,摩托罗拉公司也在华盛顿开始了自己的外场试验,虽然摩托罗拉在基站和网络切换设备方面稍微落后一些,但他的手机技术却十分先进。

1981 年 4 月,经过无数的现场试验,FCC 正式批准了部署商用的蜂窝移动通信系统。美国的每个城市都被分配了 A 和 B 两个执照,分别给予两家不同的运营商(一家是 AT&T,另一家则是当地的运营商),以鼓励相互竞争。

　　美国从 1983 年起正式开始部署蜂窝移动通信系统。AT&T 专门成立了一家公司在全美部署该系统,公司取名为 AMPS(Advanced Mobile Phone System,AMPS 也是美国的第一代无线通信系统的称呼)。

　　AMPS 的基本架构如图 2-12 所示。

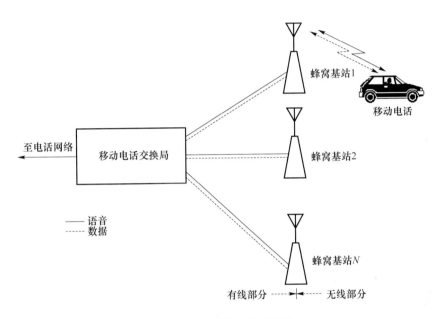

图 2-12　AMPS 的基本架构

　　在呼叫时,AMPS 用户(个人手持或车载)首先连接到基站的收发信机,再通过基站连接到移动交换中心,然后再由移动交换中心接入公用电话交换网(PSTN),与固定电话或网络中别的移动用户相连接,实现通话。

　　FCC 分配了 800 MHz 的部分频率资源给 AMPS 使用。早期的 AMPS 频率分配从基站到终端的下行信道为 825～845 MHz,从终端到基站的上行信道为 870～890 MHz。每组信道中又分为 A、B 两个部分,分配给两家运营商。

　　1983 年,美国第一个 AMPS 蜂窝系统由 AT&T 在芝加哥正式开通并投入商用。从此开启了美国第一代蜂窝移动通信系统的时代。

　　AMPS 具有如下特点。

① 采用模拟通信制式,语音采用 FM 调频方式。

② 初期总共占据 40 MHz 频率(上下行各 20 MHz),后期扩展到上下行各 25 MHz。

③ 上下行采用频率分割(FDD),间距为 45 MHz,以防止上下行信道间的干扰。

④ 以 30 kHz 为信道带宽。

⑤ 采用频分多址(FDMA)区分不同用户的通话。

在国际上,除了美国的 AMPS,其他一些发达国家也相继开发了第一代蜂窝移动通信系统。这些系统大都出现在 20 世纪 70 年代末 80 年代初期,主要提供语音服务。

1979 年,日本的 NTT 在东京开通了移动通信服务。

1981 年,北欧的 NMT(Nordic Mobile Telephone)系统在丹麦、芬兰、挪威和瑞典正式部署,NMT 在这几个国家还成功地实现了跨国漫游。

20 世纪 80 年代的初期到中期,包括英国在内的几个国家都部署并商用了 TACS(Total Access Communication System)。联邦德国则开通了 C-450 系统。

当时比较典型的蜂窝移动通信系统及其主要特点如表 2-1 所示。

表 2-1 世界主要第一代蜂窝移动通信系统及其主要特点

技术参数	AMPS	TACS	NTT	NMT-450	NMT-900
接收频段/MHz	825~845	890~915	860~885	453~457.5	890~915
发射频段/MHz	870~890	935~960	915~940	463~467.5	935~960
信道间隔/kHz	30	25	25	25	12.5
基站功率/W	100	100	25	50	100
终端功率/W	3	7	5	15	6
语音调制	FM (+/−12 kHz)	FM (+/−9.5 kHz)	FM (+/−5 kHz)	PM (+/−5 kHz)	PM (+/−5 kHz)
信令调制	FSK (+/−8 kHz)	FSK (+/−6.4 kHz)	FSK (+/−4.5 kHz)	FFSK (+/−3.5 kHz)	FFSK (+/−3.5 kHz)

在设备制造商方面，早在 1961 年，瑞典的爱立信就重组了旗下的生产无线调度和寻呼设备的 Svenska Radio Aktiebolegete 部门，使之进一步聚焦于未来的无线通信业务，该部门后来成为爱立信在无线通信方面的核心部门。1967 年，芬兰橡胶厂和电缆厂合并成为诺基亚公司，开始了半导体和数字交换设备的研究，并在 20 世纪 90 年代进入无线通信领域。这两家公司后来成为世界无线通信领域最主要的设备供应商。

1G 时代世界上最主要的无线通信设备商是美国的摩托罗拉和瑞典的爱立信。摩托罗拉在北美处于市场领先地位。而爱立信则在北美之外占有市场优势。

在我国，第一代移动通信系统的代表是 1987 年从欧洲引进的 TACS，该系统引进后在我国获得快速发展，最多时拥有 600 万的用户，当年生活中常见的大哥大即出自于此。由于入网费很贵，手持终端价格昂贵，加之体积庞大，所以拥有它一度成为身份和地位的象征。

2.4　摩托罗拉与马丁库帕和大哥大

说起第一代移动通信系统，不能不提一下曾经鼎鼎大名的摩托罗拉公司。

1. 摩托罗拉

摩托罗拉公司原名叫加尔文制造公司（Galvin Manufacturing Corporation），创立于 1928 年，由创始人之一的保罗·加尔文的名字命名。公司成立之初主要生产家用收音机用的电源转换器。1930 年，加尔文公司开始生产销售汽车收音机，并创立了摩托罗拉这一品牌。在英文中，"motor"即"汽车"，"ola"则是当时英文中常用的后缀词。老板加尔文十分注重工程设计和产品品质，公司的业务做得很成功。20 世纪 20 年代的美国汽车收音机如图 2-13 所示。

图 2-13　20 世纪 20 年代的美国汽车收音机

　　第二次世界大战前,美国军方已经意识到无线通信在军事上的价值,于是开始启动研制便于携带的无线电报话机,加尔文制造公司也参与了这方面的研究。1939 年,加尔文公司推出了首个基于调幅的车载对讲系统,当时其主要被用于警察局和公共安全部门。1940 年,加尔文公司又设计出了首个背负式调幅步话机 SCR536。这款步话机后来成为第二次世界大战中美军使用的标准通话装备。

　　1943 年,加尔文公司又为美军设计出世界上第一台便携式的双向调频对讲机 SCR-300,如图 2-14 所示,这款对讲机重 35 英镑(约 16 kg),由于采用了调频方式,所以通话距离达到了 10~20 英里(约 16~32 km)。

　　加尔文公司在电子和通信方面的技术实力非常强,产品可靠并且性能稳定,其在第二次世界大战中为美国军方设计并提供了很多无线电台。

　　1947 年,随着摩托罗拉品牌的名气越来越大,加尔文公司干脆更名为摩托罗拉公司。第二次世界大战后,摩托罗拉拓展了原有的产品线,他的产品涵盖了车载电台、寻呼机、移动手机、对讲机、电视机等各种通信和电子设备。公司还组建了半导体芯片业务部门,涉足计算机中央处理芯片(CPU)、数字信号处理器以及模拟电路芯片等领域。摩托罗拉在 20 世纪 70 年代推出的微处理器 MC68000,其性能超过了当时英特尔的同型产品,在汽车电子、计算机、游戏机中获得了非常广泛的应用。

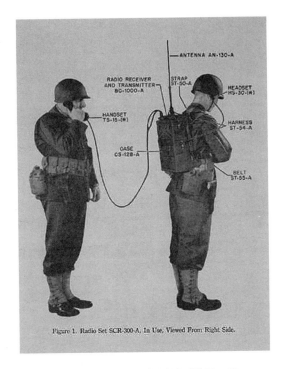

图 2-14　早期的摩托罗拉军用对讲机 SCR-300

1973 年,蜂窝移动通信时代启动,摩托罗拉开发出了世界上第一个小型化的蜂窝移动通信系统 DynaTAC(Dynamic Adaptive Total Area Coverage)。

1983 年,DynaTAC 系统获得美国联邦通信委员会(FCC)的批准,得以在全美部署,此后获得了很大的成功。

这一阶段,摩托罗拉的业务发展非常迅猛,如日中天。到 1990 年,摩托罗拉的营业额超过了一百亿美元,在 IT 公司中仅次于 IBM 和 AT&T。

但是,进入 20 世纪 90 年代后,数字化通信开始兴起,摩托罗拉的业务发展开始出现问题。公司对于通信市场和新技术的发展趋势也做出了一些错误的判断。

首先,摩托罗拉认为其占据优势地位的模拟制式基站设备和手机的生命周期会很长,而早期竞争对手的数字化手机性能欠佳这一事实进一步加剧了这种误判,这成为摩托罗拉开始走下坡路的起点。

其次,对于当时即将出现的第二代移动通信系统的 GSM 和 CDMA 制式之争,摩托罗拉投入了美国本土的 CDMA 系统。而最终发展的结果,GSM 相比于 CDMA,无论是用户数、网络数,还是终端的种类都占有绝对的优势。当然,CDMA 是美国本土发展起来的,因此摩托罗拉投入 CDMA 也是可以理解的。但是,这样就导致了摩托罗拉在系统设备和手机的研究与开发上渐渐落后于竞争对手爱立信和诺基亚。

另外,很长时间以来,摩托罗拉一直是一个技术领导者,在摩托罗拉内部,技术决定论一直占主导地位。但是到了数字电子技术时代,各个厂家之间在技术上的差异已经明显缩小。相反,在用户眼里,手机的功能、可操作性、外观等非技术因素很重要。在用户体验方面,摩托罗拉没有给予足够重视,因此,在这方面就落后于竞争对手。

后来,摩托罗拉试图通过快速地研发新产品来重新夺回市场份额。2005 年,摩托罗拉开发了一款叫 Razr 的手机。作为一款超薄手机,它的设计还是很有吸引力的。依靠 Razr,摩托罗拉在手机市场又夺回了一些份额。到 2007 年,Razr 为公司带来了 1 亿部的销量。摩托罗拉首创的翻盖式 Razr 手机如图 2-15 所示。

图 2-15　摩托罗拉首创的翻盖式 Razr 手机

不过,相对于竞争对手们不断推出的系列产品,摩托罗拉的产品组合还是偏弱的。最终,摩托罗拉的手机业务还是被更注重用户体验的诺基亚以及韩国的三星等新兴通信企业打败了。

在集团公司层面上,摩托罗拉的产品线很分散。20 世纪 90 年代初,摩托罗拉在移动通信、数字信号处理器和计算机中央处理器 3 个领域的技术都是当时世界上最先进的。如果摩托罗拉能在这三大领域中的任何一个保持他的地位,他都可以活得好好的。但遗憾的是,他没能保住其中任何一个领域。由于没有聚焦以及企业内部存在的管理问题,他一度领先的半导体业务也渐渐落后于竞争者英特尔和德州仪器。他的半导体部门先是独立出来上市,后来又被私募基金收购,成为现在的 freescale 半导体公司。摩托罗拉的数字信号处理芯片如图 2-16 所示。

图 2-16　摩托罗拉的数字信号处理芯片

值得一提的是,摩托罗拉还曾开发过一个叫铱星(Iridium)计划的卫星通信系统,铱星计划卫星如图 2-17 所示。1991 年,摩托罗拉斥巨资启动铱星计划,项目投入高达 50 亿美元(其中 10 亿美元由摩托罗拉出资,其余部分为募集资金,以降低风险)。该项目计划用 66 颗低轨道卫星实现全球覆盖,开启个人卫星通信的新时代。当时,这是一个十分大胆的计划,在技术上也很先进,但是市场条件却并不成熟。项目的投资和系统的使用成本都过于高昂(一台手机需要约 3 000 美元,话费则高达 7 美元一分钟),而且只有当用户在室外,并且和天上的卫星之间没有遮挡时才能接收到信号,使之难以在汽车或者大楼内,甚至很多乡村的场景使用。因此,铱星计划在当时过于超前市场的需求,使得目标用户只能是为数不多的商业用户。依星计划的卫星分布如图 2-18 所示。图 2-19 为卫星手机。

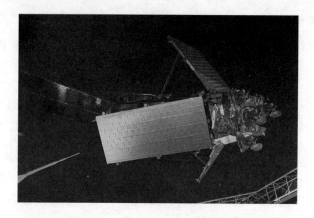

图 2-17　铱星计划卫星

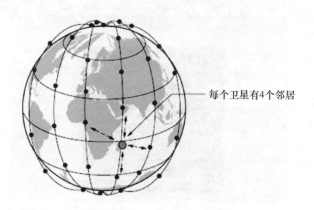

每个卫星有4个邻居

图 2-18　铱星计划的卫星分布图

图 2-19　卫星手机(左边为 Thuraya 手机,右边为 Iridium 手机)

此外,后来蜂窝移动通信系统的快速普及和覆盖地域范围的增加也大大地侵蚀了卫星通信的市场。铱星计划最终以巨额亏损失败告终。这次失败对于摩托罗拉可谓是雪上加霜。

不过,铱星计划虽然失败了,其卫星资产后续又被人们以很低的价格收购,发展为 Iridium Next,为偏远城区提供数据服务。同时期出现的全球卫星通GlobalStar 也在正常运行中。

到了 2014 年,随着技术的发展以及卫星生产和发射成本的大幅降低,美国企业家埃隆·马斯克(Elon Musk)推出了规模更为庞大的星际通信计划 Starlink。当然,这是后话了。

除了上面这些因素外,公司的内部管理其实存在严重问题。作为一家美国老牌的传统通信电子企业,摩托罗拉采用的一直是等级分明的管理体系,在文化上和硅谷的公司非常不同。摩托罗拉比较像一个庞大的帝国,按自己的节奏运转,渐渐地就失去了对环境、市场和竞争的敏锐性,导致公司缺乏执行力,无法如期完成项目和交付客户。

因此,摩托罗拉最终的衰落在很大程度上是由于企业变大后持续创新的意识变弱,变得以自我为中心,过于执着于已有的技术优势,难以跟上市场变化和用户的节奏。而在智能时代,市场机会稍纵即逝,调整转型步伐迟缓很容易就会被市场抛弃。

2011 年,困境中的摩托罗拉被拆分为两个部分,即摩托罗拉解决方案和摩托罗拉移动,分别从事移动通信的基站和手机业务。同年,谷歌收购了摩托罗拉移动,诺基亚则收购了摩托罗拉解决方案中的运营商业务部分。2014 年,联想集团又从谷歌手中收购了摩托罗拉移动。至此,摩托罗拉仅剩下摩托罗拉解决方案,目前主要做些公共安全方面的通信业务。

虽然摩托罗拉已经衰落,但他曾经是一家十分了不起的公司,是模拟时代世界通信行业的先驱者和领导者。

说起模拟通信时代的移动电话,有一个人值得一提,他就是设计并开发了第一台便携式移动电话的马丁·库帕(Martin Cooper)。

2. 马丁·库帕和大哥大

早期的无线电话基本都是车载式的,体积庞大,携带十分不便,只能安装在车上或别的固定使用场所。世界上第一台便携式的个人手提无线电话是由摩托罗拉公司的马丁·库帕团队在 1973 年完成设计并开发的。

马丁·库帕于 1928 年出生于美国加利福尼亚州圣迭戈北部的小镇德尔玛,他的父母是来自乌克兰的犹太移民。库帕在伊利诺伊斯理工大学电子工程系获得本科和硕士学位。

1954 年,库帕辞掉了他在 Teletype 公司的第一份工作,加入摩托罗拉并成为一名开发工程师,从事移动通信设备的开发,十六年后,库帕成为通信系统部的研发负责人。

1971 年,AT&T 向 FCC 提出在全美部署蜂窝移动通信系统,摩托罗拉也开始对蜂窝移动通信系统和蜂窝网通信设备展开研究与开发。

库帕的愿景是,"无线电话应该是个人化的,一个人拥有一个号码,可以随身带着走。无线电话不应该固定在某个地方,或者某张桌子上"。据他自己介绍,设计便携式手机的灵感部分来源于电视剧 *Dick Tracy* 中的手腕电台。

1973 年,库帕的研发团队构思了第一台可携带的个人手提无线电话,并用 3 个月的时间完成了样机研制。

库帕把第一台手持移动电话取名为 DynaTAC 8000x ,这台手机重约 1.1 kg,长 25 cm,其中电池占了很大一部分,每次充电需要约 10 h,而且只能支持约 20 min 的通话。对于待机和通话时间短这个问题,库帕幽默地调侃说,"通话时间只有 20 min,这应该不是个大问题。考虑重量因素,其实用户用单手根本拿不了那么长时间"。DynaTAC 手机如图 2-20 所示。

不过,相比之前只能安装在车上使用的车载电话,库帕团队开发的移动电话可以随身带着走,已是终端设备非常大的进步了。

图 2-20　DynaTAC 手机

摩托罗拉在蜂窝网通信设备和移动电话上投入了很多的资金和研发力量。到 1983 年,库帕的团队把 DynaTAC 手机的重量降低了一半,并获得了 FCC 的入网许可。于是,便携式移动电话开始进入人们的日常生活。

库帕在摩托罗拉共工作了 29 年,负责寻呼和蜂窝无线通信业务,后来又升任负责研发的副总裁。1986 年以后,库帕和他的妻子 Arlene Harris 创立了 Dyna LLC 和其他若干家公司,其中最著名的是他在 1992 年创立的 Arraycom,Arraycom 后来成为国际上智能天线的领导者。

库帕还提出了小有名气的库帕定律(即无线电通信频谱效率定律,如图 2-21 所示)。这个定律预言,无线通信的频谱效率(即在某区域内单位频谱资源能传输的话务或数据流量)每 30 个月增加一倍。这个定律有点像半导体行业的摩尔定律。

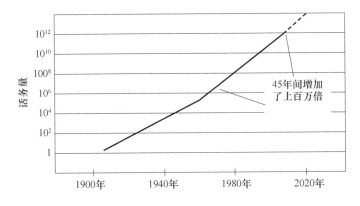

图 2-21　库帕的无线电通信频谱效率定律示意

目前来看,这样的趋势已经持续了 100 多年。随着频率复用、小区分裂、分集、新型调制、新型编码等各种技术的应用,如今总的频谱利用效率已是马可尼时代的上百万倍。不过,从目前无线通信的趋势来看,该定律离到达极限似乎已不太遥远了。

第3章
数字化的时代

3.1 无线通信向何去处

以 AMPS 为典型代表的早期蜂窝移动通信系统从一定程度上满足了人们对于移动中通话的需求,其后来又被称为第一代移动通信系统(1G)。1G 存在很多问题,具体如下。

① 标准多而且不统一。除了美国的 AMPS、日本的 NTT、北欧的 NMT、英国的 TACS 外,加拿大、德国等也有自己的无线通信系统。这些系统虽然原理很接近,但是相互之间难以通用。除了 NMT 实现了北欧跨国漫游外,其他系统都不支持漫游,商务和个人旅行通信非常不便。

② 保密性差。1G 在空中传播的模拟信号是不加密的,任何人都有可能通过模拟接收机截获别人的通话。

③ 频谱效率低下。由于模拟制式本身的缺陷,一个通话信道要占用很宽的频率范围,频率资源的利用率很低,因此系统容量受到了限制。

④ 通话质量差。模拟调制本身造成信号不稳定,相互间干扰严重,严重影响了客户的通话质量。

因此,一些设备厂商和运营商很快就开始了对新一代技术的研究。

不过,世界通信业界对于未来的发展方向也曾一度迷茫。无线通信除了正在部署的模拟系统(即所谓的第一代移动通信系统)外,还存在若干可能的发展方向。

第一个可能的发展方向是 PHS。日本公司投入很大力量开发了 PHS(Personal Handy-phone System)。这种系统的原理基于轻巧的无绳电话,通过在城市中大量部署廉价小功率的基站单元,手持终端可以通过周围 100 m 以内的基站单元接入电话网络。在 20 世纪 80 年代,这种低成本的解决方案对于人口众多的发展中国家非常有吸引力。PHS 最初由 NTT 制定标准,并由京都陶瓷等几家日本公司生产基站及终端设备。最高峰的时候,PHS 在日本拥有约 700 万用户。但是 PHS 的服务质量较差,NTT 最终在 1997 年关闭了 PHS。

PHS 虽然没有在日本取得成功,后来在 UT 斯达康的努力下,PHS 于 1997 年被引进中国并获得了很大的成功。

第二个可能的发展方向是无线寻呼。这也是一种低成本的解决人们无线通信需求的方案。在 20 世纪 80 年代中期,无线寻呼曾经在世界各地大行其道,许多有业务需要的人都佩戴寻呼机。但是这一系统只解决了对移动用户进行寻呼的问题,不能完全解决人们双向通话的需求。

第三个可能的发展方向则是基于中低轨道的个人卫星通信。这一相对高端的解决方案对于在世界各地出差的商务人士有一定的吸引力,如当时摩托罗拉的铱星计划就是这一想法的产物。

第四个可能的发展方向则是在早期模拟系统的基础上继续演进的陆基(terrestrial)语音移动通信系统。在技术层面上,模拟信号的数据采样、数字(特别是语音)信号处理以及数字电路(特别是集成电路)的发展使得基于数字通信的陆基语音移动通信系统变得可能。这个方向最终成为最有前途的发展方向。

3.2　数字通信的原理

所谓模拟通信就是指通信系统中传送的是连续的模拟电信号。比如在电话系统中,语音信号通过麦克风转换成模拟的电信号,通过电话线传送,在接收端,模拟的电信号通过扬声器再转换为语音信号。模拟通信有一个很致命的缺点,就是模拟的电信号在经过噪声的干扰后,信息就会丢失,而且无法恢复。

数字通信系统传送的则是数字形式的电信号,电信号以 0 或者 1 的方式表达。人类最早发明的电报通信其实传送的就是数字信号。在摩尔斯于 1873 年发明的电码中,英文中的 26 个字母被以点或线的方式表达,并通过电路的开和关来表示并传递,这其实是一种数字通信。因此,可以说电报是最早的数字通信系统。

数字通信有很多优点,如可靠性和抗干扰性好。数字信号在被噪声干扰后,只要噪声低于一定的限度,数字信号所携带的信息并未丢失,在接收端,根据接收到的信号大小,和门限做对比,仍然能准确地判断出发送的是 0 还是 1。

此外,数字调制方式可以带来更高的频谱效率,采用数字电路还可以降低终端成本和减小设备体积。

人类社会中多数需要传送的信号都是以模拟电信号的形式存在的(如语音通话、图像等)。在人们的直觉中,模拟信号应该需要无穷多位的数字才能把信号完整地表达出来,或者说,根本无法用数字形式表达出来。

1928 年,贝尔实验室的哈利·奈奎斯特(Harry Nyquist)提出了著名的采样定理。这一定理和人们通常的直觉完全不同,具有非常大的意义。模拟信号的采样如图 3-1 所示。

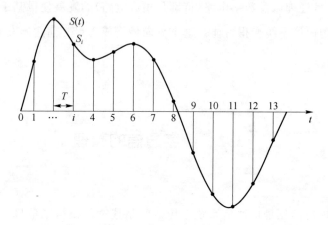

图 3-1　模拟信号的采样

奈奎斯特 1889 年出生于瑞典,1907 年移民美国,1917 年从耶鲁大学获得博士学位,之后就进入 AT&T 的贝尔实验室工作,直到 1954 年退休。除了采样定理,奈奎斯特还做了很多重要的信息论前期研究,香农在他著名的信息论的论文第一页首先感谢的就是奈奎斯特。

根据奈奎斯特提出的采样定理,一个在频率域带宽受限的模拟信号(比如人类的语音信号,其信号的频率成分基本都集中在 $300\sim3\,400$ Hz),可以通过等间隔的信号采样来完全表达。在进行模拟/数字信号的转换过程中,只要采样频率 f_s 大于等于信号中最高频率 $f_{\max}$ 的 2 倍(即 $f_s \geqslant 2f_{\max}$),采样之后的数字信号就可以完整地保留原始信号中的信息,对采样后的数字信号进行滤波处理,就可以完美地恢复原始的模拟信号。此外,如果采样频率 f_s 小于模拟信号最高频率 $f_{\max}$ 的 2 倍,则数字信号无法完整地保留原始模拟信号中的信息。

采样定理表明,模拟的电信号可以用不连续的离散信号来完全表达。

不过采样所获得的还只是"离散时间的模拟信号",而非完全的数字信号。因为在每一个离散的时间点,信号的表达仍然需要无穷多的数字,为此,必须对信号进行量化,即把模拟信号用四舍五入的方式以最靠近它的数字比特来表达。量化的过程会带来一些失真,从统计上看,这种失真类似于噪声,因此被称为量化噪声。但是,只要量化的阶梯足够细(比特数足够多),那么量化噪声就可以做到很低,甚至可以忽略不计。正弦信号采用 4 比特量化的示意如图 3-2 所示。

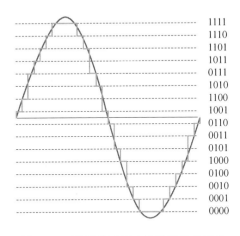

图 3-2　正弦信号采用 4 比特量化的示意

就这样,模拟的电信号经过采样和量化两个步骤,就变成了一串 01001110 之类的数字。

采样和量化是数字通信的基础。在现代数字通信系统中,在发送端,模拟信号通过模数转换器(ADC)转换为数字信号,就可以 0、1 的数字信号形式传送出去。在接收端,经过适当的滤波和模数转换器(DAC)就可以恢复出原始的模拟信号。

数字通信有很高的可靠性和抗干扰能力。在远距离通信时,可以每隔一段距离,就对数字信号进行一次恢复重建的中继过程,这样可以确保信号完整无误地从起点传送到终点。

随着硬件技术和数字信号处理技术的发展,现代通信系统大多采用了数字通信的方法实现。其原因一方面是数字化的收发机比模拟收发机便宜,速度更快,也更省电;另一方面是通过采用数字调制的方式(如 QAM 调制),频谱效率和数据的传输率可以大大地提高。此外,通过采用数字化的纠错编码技术可以大大地提高通信的可靠性和容错能力,无线信道所带来的噪声和衰落失真可以通过在接收端采用诸如滤波和自适应数字均衡等技术予以矫正。另外,数字化通信可以通过使用数字加密技术,使得通信的安全性得到进一步的保障。因此,大多数的现代通信系统都是数字制式的。

一个典型的完整数字通信系统的实现框图如图 3-3 所示。

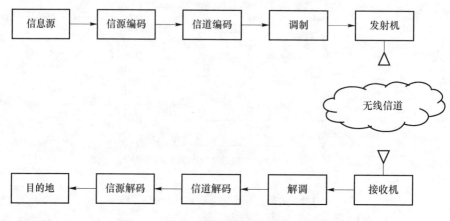

图 3-3　端到端数字通信系统简单示意

信源编码主要是消除信息源的冗余度,以提高信息表达的效率,例如,数字语音信号通过采用 LPC(Linear Predictive Coding)技术可以把数据压缩到 2.4 kbit,甚至更小;霍夫曼编码利用数据的概率分布,可以大大地压缩所要传输的数据量。

信道编码通过巧妙地增加信息的冗余(事实上增大了可能出现的序列之间的距离),达到了大大地提高通信可靠性的目的。传统的信道编解码大体上包括线性分组码(linear block code,例如汉明码、格雷码、BCH 码、Reed-Solomon 码等)、卷积码(convolutional code)和级联码(concatenated code)。这些码有各自不同的特点和性能,适用于不同的场景。信道编码示意如图 3-4 所示。

数字信号的调制方式和模拟信号不太一样。对模拟信号,通常通过幅度和频率对载波进行调制,即前面提到的幅度和频率调制。对数字信号,常见的调制方式有幅移键控(ASK)、频移键控(FSK)、相移键控(PSK)、正交振幅调制(QAM)等。它们分别以特定幅度、频率、载波的初始相位,以及幅度相位的混合来表达数字。从第二代移动通信系统开始,通信设计师们开始采用像 FSK、GMSK(高斯最小频移键控)这样的数字调制方式,从而大大地提高了通信系统的性能。

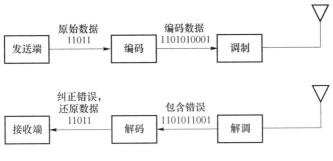

图 3-4　信道编码示意

PSK、ASK、FSK 的调制原理示意如图 3-5 所示。

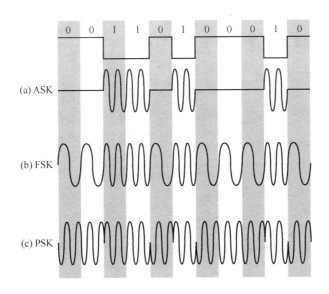

图 3-5　ASK、FSK、PSK 的调制原理示意

为了使每个符号都携带更多数据，现代数字调制通常采用 QAM 的调制方式，即通过载波信号的幅度和相位两个维度来表示数据序列，QAM 通常用星座图的方式表达。例如，BPSK（二进制相移键控）每个符号只有两种可能性，因此可以携带 1 比特的数据信息；QPSK（正交相移键控）每个符号可以携带 2 比特的数据信息；16QAM 可以用一个符号携带 4 比特的数据信息（如图 3-6 所示）。5G 中最高可支持 256QAM，一个符号可以携带 8 比特的数据信息。

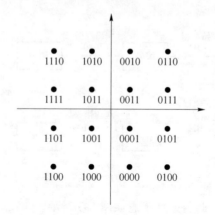

图 3-6 16QAM 星座示意图

这部分内容非常专业,在此就不再多做介绍,确实有兴趣的读者可以参考 Bernard Sklar 的书籍。

3.3 GSM 的起源

早期的 1G 对语音信号采用了 FM 的调制方式,把语音信号通过频率上相互分隔开的通信信道进行传输。

随着模拟系统在世界各地的逐步普及,有限的频谱资源和容量的限制很快成为一个主要问题。于是,美国在 AMPS 的基础上发展了窄带 AMPS (Narrowband AMPS,NAMPS);英国的 TACS 则发展为 E-TACS,进一步优化了早期的模拟系统,以提供更多的信道容量,满足人们不断增长的对无线通信的需求。尽管如此,开发一种更可靠的、具有更高频谱效率的无线通信系统仍然很有必要。

北欧的 NMT 成功地显示了跨国合作的移动通信系统是可能的,欧洲当时的气氛也十分适合欧洲各国之间的通力合作。与此同时,移动通信系统的开发和部署所需要的巨大投资也要求大的经济规模,以降低开发成本。这些因素合在一起的结果,就促使欧洲诸国联合起来,试图开发一个适合整个欧洲的下一代移动通信系统。

在美国,情况则完全不同。和欧洲存在几个不同的互不兼容的制式并且各自为政的状况不同,美国只有一个 AMPS,并且很受欢迎。因此,美国对于开发新的无线系统并不迫切。在开发下一代无线通信系统时,美国的思路基本沿用已有的AMPS 频段(当然,后来 FCC 又在 800 MHz 的基础上增加了 1.9 GHz 频段,即PCS),出发点是在现有系统的基础上扩大容量和降低投资。当时出现了 IS-54 TDMA 和高通公司的 IS-95 CDMA 两大系统,它们彼此竞争。此外,当时要求运营商部署时采用双模的方式,即新的系统既要支持采用模拟制式的旧标准,也要支持新的 TDMA 或 CDMA 系统,这增加了系统的复杂性,也造成了设备产品开发的延迟。

与美国的情况相反,欧洲这边则没有太大的包袱。他们的目标很明确,就是要搞一个全新的可以在整个欧洲大陆使用的功能全面的新系统。以往欧盟各国只能算是松散的联盟,在技术上很难形成气候。这次欧洲各国吸取了教训,加强了内部的合作,在新一代移动通信系统上消除了相互间的隔阂,成功地实现了移动通信标准的统一。GSM 系统就是在这种形势下产生的。

1982 年,欧洲邮电管理委员会(Confederation of European Posts and Telecommunications,CEPT)提出成立 GSM(Groupe Spécial Mobile)工作组,以研究下一代泛欧洲的陆基移动通信系统。后来这个标准流行于世,欧洲又把它改称为 Global System for Mobile Communications。

工作组确定了对 GSM 系统的基本要求和愿景,即良好的通话语音品质、较低的终端和服务成本、支持手持终端、支持国际漫游、支持一系列新的服务类型、较高的频谱效率以及和 ISDN 兼容等。

1987 年是 GSM 发展最关键的一年,参与各方基本达成一致意见,确定了GSM 将是一个数字通信系统。前面介绍了采用数字通信的方式可以带来很多好处,例如,数字调制可以带来更高的频谱效率,采用数字电路可以降低终端成本、减小设备体积、提高通话的保密性等。工作组还确定了路标规划,即从 1991 年开始在有限范围内推出 GSM 系统,1993 年在欧洲主要城市实现大规模商用,1995年实现欧洲互通。

当时 GSM 系统在实现上还存在一些技术上的障碍,比如缺乏有效的语音编解码技术,即如何在保障语音质量的前提下,把数字化的语音信号经过数据压缩,通过窄带信道以较小的数据量传输出去。后来,随着语音信号处理 Vocoder 技术的发展成熟,这一问题得到了解决。

关于多址接入方式,爱立信、诺基亚、阿尔卡特等设备商初期的研究试验都表明时分多址(TDMA)更适合新的系统。

前面介绍过,在早期的模拟通信时代,采用的是频分多址(FDMA)方式,系统的频率带宽被分成多个相互隔离的频率信道,每个用户占用其中一个信道,即采用不同的载波频率,通过滤波器过滤选取信号并抑制其他信道的信号干扰,各信道在时间上可同时使用。为了确保各个隔离的信道间相互不干扰,每组信道间需要预留保护带宽。FDMA 是早期使用非常广泛的一种接入方式,实现起来非常简单,被应用于 AMPS、TACS 等第一代无线通信系统中。但是,在频分多址中,由于每个移动用户进行通信时都占用一个频率、一个信道,所以频带利用率不是很高。随着移动通信的发展,FDMA 容量不足、易受干扰等缺点逐渐显现出来。

TDMA 作为一种多址接入方式,和 FDMA 有相似之处,不同的是 TDMA 把频率换成了时间。在 TDMA 中,时间资源被划分成以帧为单位。每一帧又被划分为若干时隙。每一个用户都占用其中某个特定的时隙来传送信息。目前,TDMA 已成为通信中最基本的多址接入技术之一,在 2G(如 GSM 和 D-AMPS)、卫星通信和光纤通信中都被广泛应用。TDMA 较之 FDMA 具有通信信号质量高、保密性较好、系统容量较大等优点,但它必须有精确定时和同步,以保证移动终端和基站间的正常通信,技术上相对复杂一些。此外,TDMA 用户在某一时刻占用了整个频段进行数据传输,因此受无线信道的频率选择性衰落(frequency selective fading)的影响较大,接收端需要通过信道均衡技术来恢复原有信号。TDMA 和 FDMA 有时候会组合使用(如在 GSM 系统中),以便消除外部干扰和无线信道深度衰落的影响。TDMA 示意如图 3-7 所示。

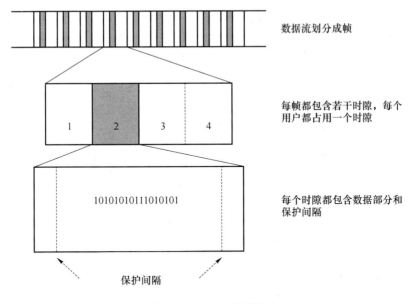

数据流划分成帧

每帧都包含若干时隙，每个
用户都占用一个时隙

每个时隙都包含数据部分和
保护间隔

保护间隔

图 3-7　TDMA 示意图

GSM 采用了时分多址技术，即将每个无线频率以时间分配的方式均匀地分给 8 个（或者 16 个）手机用户，每个用户交互地占用 1/8 的信道时间，并结合了慢跳频（slow frequency hopping）、GMSK（Gaussian Minimum Shift Keying）调制等新的通信技术来传送语音信号，系统容量达到了第一代模拟系统的 3～5 倍。

到了 1989 年，组织协调 GSM 项目的任务落到了新成立的 ETSI（European Telecommunications Standards Institute）的肩上。ETSI 开始落实并制定详细的 GSM 国际标准。GSM 产业经过最初的协议制定，1989 年完成了第一个版本的标准 GSM900。标准的制定大大地增强了不同设备商的设备之间的互操作性。

图 3-8 所示为一个典型的 GSM 网络的架构，它包含如下基本单元。

- 移动终端（Mobile Station，MS）。通常指我们所使用的手机，它包含收发信单元、显示器、处理单元等，受 SIM 卡控制。

- 基站子系统（base station subsystem）。它是移动终端和网络子系统之间的界面。它包括基站收发系统（Base Transceiver Station，BTS）和基站控制器（Base Station Controller，BSC）。其中，BTS 是无线通信的收发信机,它通过空中接口和移动设备连接并传输数据,处理和移动终端通信的协议。BSC 用于控制 BTS,它是移动终端和移动交换中心之间的连接界面。通常,一台 BSC 可对应控制上百台 BTS。

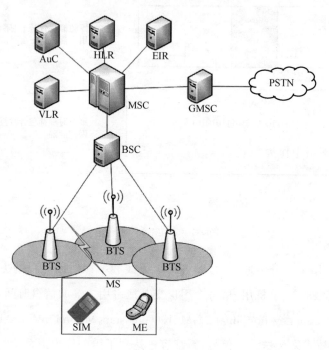

图 3-8 　GSM 网络架构

- 网络子系统(network subsystem)。它为终端提供网络连接。网络子系统包括 MSC(Mobile Switching Center)、HLR(Home Location Register)、VLR(Visitor Location Register)、EIR(Equipment Identity Register)等设备。其中,MSC 提供交换功能,用于把手机的呼叫连接到 PSTN(公用电话交换网)、ISDN(综合业务数字网)、CSPDN(电路交换公用数据网)、PSPDN(分组交换公用数据网)等基础网络。HLR 和 VLR 则提供呼叫的路由和漫游的能力支持。EIR 则用于维护所有的移动设备账户,每个移动用户都有各自唯一的国际移动设备号(International Mobile Equipment Identity,IMEI)。AuC(鉴权中心)存储用户的鉴权信息和加密参数。

- 操作支持系统(Operation Support System,OSS)。操作支持系统用于整

个系统的操作和维护。系统工程师可以通过 OSS 监控并调整系统的参数,以及诊断系统中的问题。

GSM 最先于 1991 年在芬兰由运营商 Radionlinja 首次商用。但是由于缺少终端的支持,到 1992 年 GSM 才真正开始大量商业应用。

GSM 的初始设计目标是一个泛欧洲的移动通信系统,但是后来不仅在欧洲,也在世界各地获得了巨大的成功和广泛部署。由于该系统性能优异,价格又合理,所以它很受运营商和手机用户的欢迎。到 2004 年,GSM 用户数突破了 10 亿人。最多时,GSM 手机占世界手机的 80%。直至今日,GSM 仍然在世界各地许多运营商的网络中作为基础覆盖层提供话音和低速数据服务。

GSM 于 20 世纪 90 年代初期诞生,伴随着移动通信产业的快速发展,现已成为通信史上堪称最成功的技术标准,也造就了今天爱立信和诺基亚等欧洲公司在通信设备和手机领域的强势地位。

3.4　其他第二代移动通信系统

除了大获成功的 GSM,同属于第二代移动通信系统的还有美国的 D-AMPS(Digital AMPS)、日本的 PDC(Personal Digital Cellular),以及稍后几年出现的美国的 IS-95 CDMA 系统(又被称为 cdmaOne)。

2G 由于采用了先进的数字通信技术,相比 1G 大大地提高了系统容量和语音通话质量,同时也降低了设备成本和功耗。

在美国,由于 1G 时代的 AMPS 非常领先并且发展得很好,对 2G 的需求并不迫切,使得美国在向 2G 切换的过程中反而相对慢了。美国的 2G 分为 2 个系统,一个系统是基于 IS-54 的 D-AMPS(Digital AMPS),采用的是 TDMA/FDMA 和 FSK 技术。该系统将每一个 30 kHz 的 AMPS 频道以 TDMA 的方式分为 3 个子信道,提供了相当于 AMPS 模拟系统 3 倍的容量,D-AMPS 可以兼容美国原有的 AMPS。另一个系统则是由高通公司(Qualcomm)主导推动的 IS-95 CDMA 系统,该系统最早于 1995 年在香港由 Hutchinson 实现商用,CDMA 采用了更加先进的直接序列 CDMA(direct-sequence CDMA)技术〔另一种 CDMA 系统为在军事上应用较多的跳频 CDMA(frequency-hopping CDMA)〕。CDMA 技术在频率利用率、软切换、抗干扰、过滤背景噪声等方面相对于 TDMA 系统都具有非常大的优势,并且可以提供 10 多倍于 AMPS 的系统容量。但是 CDMA 在 2G 中的起步较晚,获得的产业链支持相对较少。除此之外,高通的专利收费模式也受到业界争议,因此 CDMA 在 2G 时代获得的部署范围远不如 GSM。但是,CDMA 作为一种优秀的通信技术后来在 3G 时代却成为主选技术并大获成功。

由于 GSM 得到了欧洲各国政府和工业界的支持,同时 GSM 在欧洲国家的运营获得了很大成功,因此,这个标准在世界上大多数国家选型时被采用。后来就连美国本土的一些运营商也转而采用了欧洲的 GSM 标准。

2G 在最先推出时主要提供语音通话服务,后来逐步演变增强为也可支持如短信、电子邮件等有限的数据服务。基于 GSM 的 GPRS(General Packet Radio Service)数据业务通过整合时隙为用户提供 14.4～64 kbit/s 传输速率的服务,后来演进的 EDGE(Enhanced Data services for GSM Evolution)系统则采用了更高阶的调制技术,以提供更高速率的数据服务。

这一时期世界上出现了很多的通信设备制造商,包括美国的摩托罗拉,瑞典的爱立信,芬兰的诺基亚,日本的 NEC、松下,德国的西门子,加拿大的北方电讯,法国的阿尔卡特等。

在我国,中国移动和中国联通在 2G 时代部署了欧洲的 GSM 系统,中国电信则部署了美国的 IS-95 CDMA 系统。

2G 基本解决了 1G 存在的诸多不足,如信号质量、漫游、安全性等问题,同时提供了更高的容量和基本的数据服务。但是从 1997 年起,随着用户数的增长、系统容量的不足以及对于数据业务的支持有限等问题的显现,国际上相关的运营商和设备商开始着手制定新一代的通信系统标准。

3.5　诺基亚

在 2G 时代,有一家中国人非常熟悉的公司值得一提,那就是芬兰的诺基亚。诺基亚是一家百年老店,不过他在移动通信领域的真正崛起却是在 2G 时代,借助于 GSM 发展壮大。

事实上,北欧出了两家著名的移动通信公司,即芬兰的诺基亚和瑞典的爱立信。这两家世界级的大型无线通信公司都出现在北欧是有原因的。北欧地广人稀,气候环境恶劣,人们需要非常可靠的通信手段,无线通信正好解决了人们的这一需要。在当地,由于人口密度很低,铺设有线电话线路的费用非常高昂,在当时需要高达 800 美元/线,而无线手机的价格则在 500 美元左右,而且无线手机满足了人们在野外的通信需求。因此,北欧人对于移动电话的需求比其他地方的人更为迫切,而且对设备的性能和质量的要求非常高,需求也通常超前于世界其他地方,北欧人使用数字化手机比世界别的地方超前了若干年。这样一个需求超前而且要求严苛的市场,正好促进了高水平移动通信公司的成长发展。诺基亚和爱立信必须具有超强的竞争优势才能在北欧本土的电信市场立足。

本书之所以选择介绍诺基亚而非爱立信,一方面是因为诺基亚公司和其手机为中国人所熟知;另一方面是因为这家公司在过去几十年的命运跌宕起伏,经历了大起大落,很有借鉴意义。很有意思的是,在经历了无数次的合并收购之后,很多世界著名的通信公司现在都成了诺基亚的一部分。

诺基亚成立于 1865 年,创始人是一位采矿工程师,注册地在芬兰小镇坦普雷(Tempere)。成立之初诺基亚只是一家小厂,他的主要业务是木材加工和造纸。20 世纪初,这家工厂和芬兰橡胶厂以及芬兰电缆厂互相参股,形成了一个松散的企业组合。木材加工、橡胶和电缆这 3 项业务也就成为早期诺基亚的三大业务根基。到 1967 年,3 家公司真正合并,形成了诺基亚集团公司。因此,早期诺基亚公司的主要业务集中于纸业、橡胶、鞋类、电缆等传统产品的生产与加工。

诺基亚开始涉足电子类产品源于 20 世纪 50 年代,当时诺基亚所属的电缆厂非常看好电子行业的发展,开始将电缆业务获取的资金投入电子行业的研发。他所开发的第一个电子产品是供核动力研究设计的脉冲分析仪。后来,诺基亚又开始涉足计算机、收音机等产品的设计与生产,并且为芬兰政府设计并制造了一些国防电子设备。

到 20 世纪 70 年代末期,电话开始在北欧普及,于是,诺基亚开始介入电信业务。1982 年,诺基亚的第一台程控交换机 DX-200 问世。同年,诺基亚又推出了第一台基于 NMT 制式(北欧的第一代移动通信)的汽车电话。此后,诺基亚的业务有一定的成长,但是并不出色。由于公司业务很分散,传统的加工生产和现代的电信业务都做,所以诺基亚在 20 世纪 80 年代末和 90 年代初出现亏损,销售额呈下降趋势,公司面临巨大的危机。

1992 年,诺基亚董事会确定了新的发展战略,并十分英明地任命移动电话部门的主管约玛·奥利拉为新总裁,从此诺基亚的命运改变了。面对公司的混乱局面,奥利拉和管理层不失时机地采取了行动,果断地剥离了橡胶类、电缆类、消费类电子产品等传统业务,调整了产品布局,聚焦于电信产品这一核心业务,以设计制造手机和蜂窝网通信设备为主业。

此时,世界移动通信行业正好处于从模拟到数字化制式的转换期,诺基亚则在奥利拉团队的领导下抓住了这个机会。这一年,诺基亚成功地推出了第一款基于 GSM 制式的手机 Nokia-1011。随着 GSM 系统先在欧洲,然后又在全世界范围内获得成功,以及移动手机的大规模普及,诺基亚不仅很快就恢复了元气,而且进入了快速发展的通道,并最终成为世界移动通信领域最大的公司之一。

诺基亚能够一举成为手机行业的老大,不仅是由于他充分地利用了 GSM 大发展给欧洲公司带来的机遇,更是由于他很好地把握住了手机领域游戏规则的改变。在 1G 时代,手机的语音通话质量是最重要的,因此重点在于手机的电路设计和生产的质量,摩托罗拉在这方面占有优势,并成为 1G 时代手机行业毋庸置疑的老大。

　　到了 2G 时代,虽然手机通话的语音质量仍然很重要,但是手机的功能、实用性和外观设计也变得十分重要。此外,消费者的品位变化非常迅速,这就要求手机厂家也能快速灵活地推出各种适合人们口味的新产品。此时,手机已不再是单纯的技术产品,它变得越来越个性化,反映的是人们的个性和偏好。

　　诺基亚的设计团队不仅包含工程师,也包括人类学家和心理学家,他们通过研究消费者的文化和行为来寻找早期行为模式的标志,这些标志对手机的设计起到了重要作用。在 20 世纪 80 年代,诺基亚的设计师们在手机的功能、外形和提升质感方面下了很大的功夫。他们在全世界各地进行了详细的研究和街头人类学调查,据此设计出人们所喜爱的手机外形和功能。

　　此外,诺基亚在世界各地(如中国、印度、巴西等)都建立了研发部门分部,他们和总部实验室的技术发展相整合,这对设计出符合当地文化特征的手机非常有利。与此同时,北欧人简单、实用的设计理念亦深得人心。畅销的诺基亚 GSM手机如图 3-9 所示。

图 3-9　畅销的诺基亚 GSM 手机

　　诺基亚推出的手机产品组合非常完整,覆盖了高、中、低端,种类非常多,以适合不同人群的需求。完整的产品组合所产生的效果非常明显,诺基亚在这一时期市场份额稳步上升,最终成为全球最大的手机厂商,在 2G 时代是名副其实的手机霸主。

　　在此后很长的一段时间内,诺基亚一直是世界最大的手机厂商。到 2008 年,诺基亚手机占了世界手机市场近 40% 的份额。当然，在基站设备上，诺基亚也不弱，在世界通信市场上有很强的竞争力。诺基亚因此最终成为全球前三大移动电信设备商之一。

但是，行业规则的变化之快往往让人猝不及防，智能手机和触摸屏的出现又一次彻底地改变了手机行业的游戏规则。

2007 年，乔布斯领导苹果公司发布了第一台 iPhone，宣告移动手机进入了智能机的时代。从此，手机已不再是传统意义上单纯通话用的终端设备，它的含义改变了，手机已经变成了一台便于携带的移动电脑。这时，手机的软件取代硬件成了关注的焦点。一些手机厂商如韩国的三星很快适应了这一变化，抓住机会，推出了 Galaxy 系列的基于开放平台安卓操作系统的大屏幕智能手机。

不幸的是，诺基亚却还沉浸在其 2G 时代的辉煌之中，没有意识到这一巨大变化的来临。2008 年第一季度，诺基亚手机销量达到了 1.15 亿台，而苹果手机出货量仅为 170 台。但是危机已出现，只是诺基亚未意识到，还在忙于推广其基于 Symbian 60 操作系统的 E 系列机型（见图 3-10）。

图 3-10　基于 Symbian 60 操作系统的 E 系列手机

Symbian 是诺基亚自己的手机操作系统，这一操作系统比较陈旧，并且存在两大问题：缺乏应用和用户界面体验不理想。

面对苹果系列 iOS 系统以及安卓系统的挑战，诺基亚试图基于 Symbian 系统继续改进以应对挑战，但是还是未能赶上新兴的潮流。此外，公司对市场和客户需要的软件应用也没有给予足够的关注,这就导致客户大量流失到拥有丰富应用的苹果和安卓手机。

到一年后的 2009 年,一切都已不同。这一年的圣诞节,当诺基亚总裁李斯托走进纽约第五大道的诺基亚旗舰店时,发现店里空空荡荡。而同一街区的苹果体验店却挤满了兴奋的人群。人们疯狂抢购苹果手机,诺基亚手机销售大幅下滑。

诺基亚开始意识到自己的 Symbian 操作系统的局限性,它不适合智能手机时代。于是开始寻求和微软合作,开发并推出基于 Windows 的手机 Lumia。但是,Windows 的生态系统和苹果的 iOS 与安卓仍然不能相提并论,应用还是很少,用户的使用体验同样不佳。如果诺基亚开发 Lumia 时能采用安卓系统,并充分利用其在手机市场的品牌优势,那么也许其结局会完全不同。这成为诺基亚犯下的第二个错误。

在高端市场丢失给苹果、三星、黑莓的同时,诺基亚的中低端手机市场也不断丢失给具有成本优势的华为、中兴、HTC 等手机界的后起之秀。2007—2010 年不同手机操作系统市场份额如图 3-11 所示。

到 2014 年,诺基亚手机在世界市场的份额已经跌到了不到 10%。2015 年,无奈之中的诺基亚把手机部门以 54.4 亿欧元的价格出售给了合作伙伴微软,总裁埃洛普成为微软的副总裁,这宣告了诺基亚手机时代的终结。

当然,这也并不完全是坏事。手机业务的出售给诺基亚带来了现金流,使其可以专注于开拓基站和核心网领域,并得以完成一系列的收购合并,扩大公司规模。2007 年,诺基亚完成了和德国西门子网络部门的合并,扩大了其市场和经济规模。此后,诺基亚又收购了摩托罗拉的部分网络资产,得以在利润丰厚的美国市场进一步扩展。2016 年,诺基亚又以 166 亿美元完成了对阿尔卡特朗讯的收购,进一步扩大了其在美国市场的存在,并加强了其在 IP、云、光网络三大领域的实力,进而成为一家全网络解决方案厂商。同年,诺基亚以 28 亿欧元出售其非核心业务的 HERE 地图部门,进一步聚焦于通信设备业务。至此,诺基亚的市值已经比 2012 年的低点提升了近 20 倍。

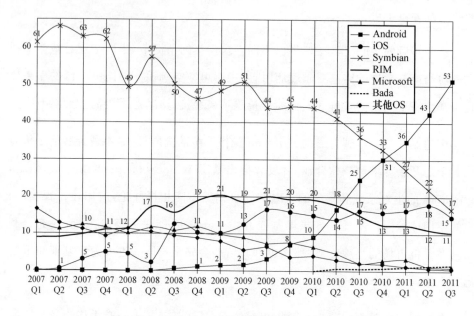

图 3-11   2007—2011 年不同手机操作系统市场份额

因此,现在的诺基亚其实是原芬兰的诺基亚,德国的西门子,法国的阿尔卡特,美国的朗讯、摩托罗拉以及其他很多小公司合并的结果。目前诺基亚是仅次于华为的全球第二大电信设备商。华为、诺基亚、爱立信占据了全球通信设备约80%的份额。无线通信业完成了进一步的集中整合。诺基亚杭州研发中心外景如图 3-12 所示。

2016 年,在手机业务上屡屡受挫的微软又把手机业务以 3.5 亿美元出售给中国台湾的富士康(Foxconn),富士康将其注册为 HMD 手机公司。HMD 和微软、诺基亚达成协议,获得了前者的软件支持和后者在手机方面的专利授权,继续以诺基亚的品牌设计并生产手机,延续着诺基亚手机的传奇。

对于诺基亚手机的失利,董事会主席李斯托认为,诺基亚并不是被硅谷打败的,诺基亚的失败是由其沿袭了硬件时代的思维造成的。诺基亚并不缺优秀的软件工程师,但是领导层仍然以硬件时代的老式思维去管理他们,因而落败。

虽然在手机业务上完全失败了,但是诺基亚公司并未像其他一些电信巨头那样一蹶不振,而是依靠新的增长点生存下来,并且发扬光大。

图 3-12　诺基亚杭州研发中心夜景

历史上,诺基亚经历了两次重大危机。第一次出现在 20 世纪 90 年代,后来通过果断剥离不良资产,并把手机业务拓展到全球市场,诺基亚成功地摆脱了危机。第二次危机出现在 2012 年左右,当时诺基亚资金已接近耗尽,很多人甚至都以为诺基亚已经不存在了,后来通过出售手机业务的资产,并且全面改变过去二十年的发展战略,聚焦于通信基站设备,诺基亚成功地实现了转型。

诺基亚能够在竞争激烈、变化迅速的电信市场中生存下来,涅槃重生,避免了其他几家消失了的大公司的命运,主要可以归结为以下几个主要因素。

(1) 适应环境,不断变革

无论是早期诺基亚向电子电信设备的成功转型,还是在 GSM 时代的顺势崛起,或是在手机业务衰落后腾挪到基站和核心网领域,从中都可以看出诺基亚是一家善于适应外界变化的公司。虽然其在手机业务上的失败恰恰是没有适应市场状况的快速变化、反应迟钝的结果,但总的来讲,诺基亚还是一家很了不起的公司,能够不断找到新的业务发展方向,顺应时代和市场的变化,避免了彻底衰落的命运。

（2）重视研发

诺基亚在研发上的投入非常可观,他在赫尔辛基、坦佩雷、北京、杭州、剑桥、波士顿、洛桑、帕洛阿托都设有研发中心,和阿朗合并后,更将著名的贝尔实验室也收入囊中,在研发中的大力投入保持了公司在通信领域技术上的领先地位和竞争优势。

（3）人性化的管理

诺基亚的管理比较人性化,重视员工的福利待遇,以及员工在生活和工作之间的平衡,并不特别鼓励加班加点,员工忠诚度较高。诺基亚还比较强调企业的社会责任,热心于公益事业。当然,这种相对轻松而又高福利的公司文化在通信业竞争不充分的时代有其优点,在行业竞争日趋激烈时也存在执行力缺乏等问题。

第4章
3G时代来临

1996年,国际电信联盟(ITU)通过 IMT-2000 确定了对新一代移动通信系统的愿景,即实现更广泛的无线覆盖和不同系统间的漫游,并确定了移动用户达到394 kbit/s、固定用户达到 2 Mbit/s 数据传输速率的目标。

到 1999 年,ITU 根据来自不同地区和公司的提议,正式确定了 3 种 3G 标准,即欧洲提出的 WCDMA、美国的 cdma2000 和中国的 TD-SCDMA。虽然它们都是基于 CDMA 的原理,但是 WCDMA 主要由欧洲公司主导推动,获得了爱立信、诺基亚、阿尔卡特等欧洲公司的支持;cdma2000 基本上是高通公司 IS-95 CDMA 系统的升级版,获得了高通、朗讯、北方电讯、摩托罗拉等美、加公司的支持;TD-SCDMA 则是中国第一个自主研发推动的国际标准。

在 2G 时代,高通公司所推动的基于 IS-95 标准的 CDMA 系统虽然已经在一些运营商(主要在韩国和美国)的网络中开始部署,但是由于它起步较晚,因此它的部署范围远不如 GSM 系统广泛。但是到了 3G 时代,由于 CDMA 技术本身具有明显的优势,所以它成为三大 3G 标准都采用的核心技术。

说起 CDMA,就不能不提到好莱坞美女海蒂·拉玛(Hedy Lamarr)、高通公司和他的创始人——通信业的两大牛人欧文·雅各布(Irwin Jacobs)和安德鲁·维特比(Andrew Viterbi)。

4.1 CDMA 的起源

目前在移动通信中广泛使用的码分多址(CDMA)技术,更准确地讲,又称为直接序列码分多址(DS-CDMA),它只是扩谱通信(spread spectrum)中的一种。

扩谱通信的历史最早可以追溯到马可尼和特斯拉的时代。从广义上来讲,无线电先驱者们早期所采用的火花塞通信装置可以被看成一种扩谱通信发射机,因为它所占用的频谱资源大大地超过了信号本身所需的带宽。当然,这倒并非是这些发明家的本意。随着技术的进步,无线信号可以通过窄带滤波的方法限定在较窄的频率范围内进行传输。

1903 年,无线电通信的先驱者特斯拉提出了一种方法,即通过不断变换发射频率来发送无线信号,特斯拉把他的发明取名为"a method of signaling"。特斯拉建议,通过在发射方和接收方按一定次序在两个不同的频率点间不断地切换,可以提高通信的可靠性和抗干扰性。其基本原理在于,当无线电波在某一特定频率传送时,信号很容易受到同一频率的别人信号的干扰(战争中可以是敌方)。此外,固定频率的无线发射信号也容易被外人监测到并被截获。因此,把信号在不同频率间变换发射不仅提高了通信的可靠性和抗干扰性,也增加了通信的保密性。

后来,德国科学家 Jonathan Zenneck 总结了特斯拉的方法,并把这一概念写到了他的《无线电报》一书里。1915 年,德国军方在其通信装置中采用了这一跳频方法,以避免信息被英国军队截获。

在第一次世界大战中,敌对双方也都研究过通过跳频的方法来控制鱼雷,以增加控制信号的可靠性和抗干扰性。但是,当时所做的这些工作大都由军方主持,没有向外界公开。

第一个比较接近现代跳频通信原理的发明专利则属于传奇的好莱坞女演员海蒂·拉玛和作曲家乔治·安太尔(George Antheil)。

海蒂·拉玛 1914 年出生于奥地利首都维也纳,从小生活富裕,并接受了良好的教育。

海蒂·拉玛一生结过 6 次婚。她的第一任丈夫是一名德国的军火供应商。当时,她丈夫和其他的军火供应商在研究用无线电信号遥控鱼雷和无线通信干扰的技术。海蒂有时加入他们的谈话,由此她获得了保密通信的一些基本概念。

1938 年 3 月,纳粹正式进入奥地利,海蒂也结束了她的第一段婚姻,移民美国。

1939 年,海蒂·拉玛结识了音乐家乔治·安太尔,安太尔当时在为好莱坞创作电影音乐,两人成了好朋友。由于正值第二次世界大战,两人的话题从音乐转到武器。海蒂一直很希望能在战争中做些有益的事情。当时,鱼雷的操作通常是通过无线信号来引导的,而信号都是在一个单独的频道上来传输的。因此,控制信号很容易受到敌方的干扰,从而失去目标。

海蒂设想在当时无线信号频率的基础上像弹钢琴那样来实现"跳频",把无线信道扩展到多个无线电频率,这样就可以解决单独无线信号频道容易受到干扰的问题。但是,她想不出一个让收发双方同步的办法。事实上,收发双方如何实现同步确实是无线通信中最困难的问题之一。安太尔想出了一个办法,在卷纸上按同样的序列打孔,将它们分别安置在控制鱼雷的飞机和鱼雷里面,来指定变化频率的顺序,这样收发双方只要使用同样的纸卷即实现了同步。就这样,在 1940 年年初,海蒂和安太尔设计出了一个精妙的跳频通信系统。凭借海蒂和安太尔的研究以及其他一些科学家的帮助,他们的成果逐渐完成。第二次世界大战时盟军的鱼雷轰炸机如图 4-1 所示。

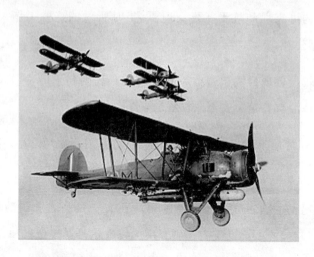

图 4-1　第二次世界大战时盟军的鱼雷轰炸机

1941 年,他们完成了这项研究并为他们的"频率跳变"装置申请了专利。

专利名为"保密通信系统(secret communication system)";专利技术申请的批准时间为 1942 年 8 月 11 日。专利说明中描述了一种引导鱼雷的通信方法,它由一种类似自动钢琴音乐筒的装置控制,该装置有一个由 88 个阶梯组成的序列(这来源于钢琴的 88 个音阶)。通过在每个频率上仅发送整个信息的一小部分,达到控制鱼雷的信号并避免被敌方检测和干扰的目的。海蒂·拉马和安太尔的发明专利的描述如图 4-2 所示。

专利的两位发明人海蒂和安太尔并未谋求从中获得收益,他们把专利捐给了美国政府,用于支持第二次世界大战。后来,这一专利一直被作为军事秘密而未被公开,专利中所描述的想法也并未在战争中得到实现。可以猜想,军方的专家一定研究了这一跳频通信方案,但是在当时可能还有其他具体实现中一时无法解决的实际细节问题,因此无法在战时投入使用。不过,毫无疑问,这一专利所描述的跳频通信的概念对于后人具有很大的启发作用。

第二次世界大战后,在扩谱通信方面所做的研究多数是由美国军方支持的,基本处于保密状态,因此外界很难得知详情。为了通信的安全性,军事上大都采用了基于跳频的扩频技术,即把所需要发送的无线信号通过一个随机序列在不同的频率点上发送,在接收方则采用同样一个序列在不同的频点上接收信号,从而还原发射的信号。这样既达到了避免敌方以某个固定的窄带干扰来扰乱自己通信的目的，又达到了保密的目的。由于这一过程事实上扩展了发射频谱，因此又叫扩频通信。根据频率跳动的速率不同，跳频系统可分为慢跳频和快跳频两种。跳频原理示意如图 4-3 所示。

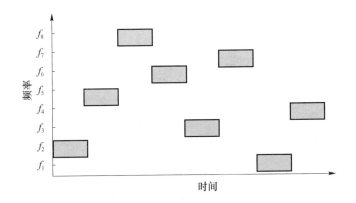

图 4-2　海蒂·拉马和安太尔的发明专利的描述

图 4-3　跳频原理示意

另一种扩谱通信系统则是直接序列 CDMA(即 DS-CDMA),它在原理上和跳频系统有所不同。它通过对原始发送序列和另一采样率高得多的随机序列进行扩展的方式实现扩谱。

1980 年年初,美国硅谷的 Equations Communication 公司首先采用了直接序列 CDMA 技术应用于卫星通信。

此后,FCC 又批准开放了 ISM 频段,以供民间跳频通信设备之用。许多用于控制和遥感的工业电台即以未经许可的方式工作在这一频段。它们通过跳频的方法,增加了通信的保密性和可靠性。同时,不同的电台组采用不同的序列,从而有效地避免了相互之间的干扰。

1997 年,美国电子前沿基金会(Electronic Frontier Foundation)授予了海蒂·拉玛电子国境基金先锋奖(Pioneer Award),对海蒂在 CDMA 通信方面的贡献予以了承认。

真正把 CDMA 应用于现代蜂窝移动通信系统,并且把它标准化、产品化,彻底改变了移动通信行业格局的则是位于美国加利福尼亚州圣迭戈的高通公司。

4.2 雅各布、维特比和高通

位于圣迭戈的高通公司总部如图 4-4 所示。

高通公司的创始人欧文·雅各布出生于美国马萨诸塞州贝福德的一个犹太家庭。雅各布小时候对于数学与物理兴趣浓厚,据说十一岁时他就在他父母租住房子的走道里建立了自己的小实验室,他的小学、中学学习成绩都非常优异。不过他在大学专业方向的选择上却有点曲折。高中毕业时,学校的职业辅导老师告诉他,学数理化没太大前途,要学管理才有出息,辅导老师还建议他学习酒店管理。就这样,雅各布听从老师的意见申请并进入了康奈尔大学学习酒店管理。

图 4-4　位于圣迭戈的高通公司总部

当时,他的一个室友是学化学工程的,室友不断地调侃他说学酒店管理太容易了,还吹嘘说学酒店管理的学生肯定学不了工科,而学工科的学生要学管理则易如反掌。这种说法激发了雅各布强烈的好胜心,正好他的另一个好友是学电机工程的〔美国的电机工程(Electrical Engineering 或 double E)包含了电子和电机两个方向〕,他和朋友聊了转专业的想法,最后决定申请转到电机工程系学习。

雅各布在电机工程系的表现非常出色,大学毕业后他如愿进入麻省理工学院攻读信息论方向的研究生,并获得了 GE fellowship 的奖学金。

获得博士学位后,雅各布接受了麻省理工学院的教职,成为一名讲师。在此期间,雅各布编写了一本通信教材,这本和 John Wozencraft 合著的 *Principles of Communication Engineering* 后来成为通信领域比较经典的教材之一。

1966 年,雅各布申请并获得了加利福尼亚大学圣迭戈分校的教职。在收到加利福尼亚大学的正式邀请后,雅各布对要不要去犹豫了几天。后来,还是波士顿阴冷的天气和拥堵的地铁帮他下了决心,带着妻子和 3 个小孩,义无反顾地前往阳光灿烂的加利福尼亚州圣失戈。(他的 3 个小孩中,Jeff、Paul 后来都成为高通的高管,Paul 还继雅各布之后成了高通公司的 CEO。)

在加利福尼亚大学当教授期间,雅各布有幸遇到了后来的合伙人,当时在加利福尼亚大学洛杉矶分校电机工程系当教授的安德鲁·维特比(Andrew Viterbi)。

说起维特比,搞通信的恐怕没有不知道的,他在通信理论方面的贡献非常大。维特比 1935 年出生在意大利北部城市贝加莫,四岁就跟随父母移民到了美国。维特比在 1952 年进入 MIT 电子工程系学习。1957 年维特比硕士毕业后前往加利福尼亚州,在喷气实验室(JPL)工作,并在南加利福尼亚大学攻读数字通信方向的博士学位。维特比后来成为加利福尼亚大学洛杉矶分校电子工程专业的教授。

1966 年,维特比当时正在研究信道编码的解码器。他觉得当时在课堂上教给学生的用于卷积码解码的最大似然估计方法过于复杂,并且难于理解。他构想了一种相对简单易懂的算法,可以达到同样的解码效果,以方便教学之用。后来,又经过一年时间的反复琢磨推敲,维特比进一步完善了这一算法,并在 *IEEE Transaction on Information Theory* 上发表了题为"Error bounds for convolutional codes and an asymptotically optimum decoding algorithm"的论文。

论文中提出了一种针对卷积码信道编码的解码方法,即著名的维特比算法。该算法利用了"软"决定,即概率信息,通过分析一串接收到的符号和状态转换信息找到最大似然的路径,以准确地匹配发射序列。相对于传统的解码器,这一算法大大地降低了解码的误码率和计算量。维特比解码网格示意如图 4-5 所示。

维特比算法的设计十分巧妙,该算法是目前应用最多的卷积码的解码算法。它把一种指数复杂度的解码问题变成了线性复杂度的解码问题。维特比的这一发明奠定了他在通信业界的地位。后来,他还和雅各布一起创办了 Linkabit 和高通公司,大大地推进了 CDMA 的商业应用,改变了整个通信行业。维特比有个女儿,后来成为高通的资深工程师。2007 年,维特比荣获麦克斯韦奖。2008 年 9 月,由于发明了维特比算法以及对 CDMA 无线技术发展的贡献,维特比又获得了美国国家科学奖章。

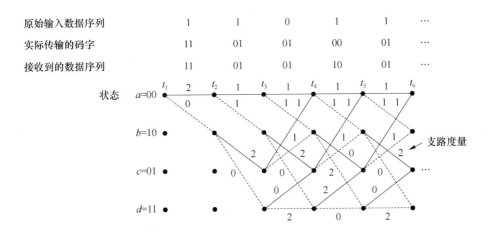

原始输入数据序列	1	1	0	1	1	...
实际传输的码字	11	01	01	00	01	...
接收到的数据序列	11	01	01	10	01	...

图 4-5　维特比解码网格示意图

注:码率＝1/2, $K＝3$(从接收到的带有错误的数据序列中恢复原始数据序列)。

1968 年,雅各布、维特比和 Kleinrock 教授 3 个人聚在一起,决定把他们各自的数字通信咨询业务合在一起,并各自出资 500 美元,在 Kleinrock 的家里成立了一家叫 Linkabit 的公司,3 人每周大约花一天的时间运行这项咨询业务。

Linkabit 初期主要承接美国政府和军方的项目,如卫星和军用飞机上的通信系统,后来又开始为像 7-Eleven 和沃尔玛这样的大公司开发无线计算系统。随着业务的蒸蒸日上,1971 年,雅各布决定从学校休假一年(美国大学的规定,教师每过若干年就可以休假一年,去干自己想干的事情),尝试一下当全职商人。虽然这对于他获得大学的终身教职是个威胁,但是雅各布认为,"如果你配得上终身教职,那你也就不需要它,因为你随时可以把它要回来"。后来 Linkabit 的业务发展很好,一年后,雅各布就决定彻底从加利福尼亚大学辞职,专职发展公司业务。

就这样,Linkabit 的业务发展迅速。一直到 1980 年,以 60% 年增长速度发展的 Linkabit 被从事射频器件业务的公司 M/A-Com 以 4 000 万美元收购。那一年,Linkabit 的销售额达到了 1.5 亿美元。此后,雅各布等人在 M/A-Com 的管理层又呆了几年才彻底离开并退休。

1985 年年底,已经实现财务自由的雅各布以及 Franklin Antonio、Dee Coffman、Andrew Cohen、Klein Gilhousen、Harvey White 等 6 个 Linkabit 的老伙伴在雅各布圣迭戈 La Jolla 的家中聚会,决定创立今天的高通(Qualcomm)

公司。

Qualcomm 这个名字来源于英文 Quality Communications 的缩写，意为有质量的通信。公司的宗旨十分明确，就是要把一直应用于军事通信的 CDMA 技术应用于民用领域。

高通研究的是基于直接序列的 CDMA 技术，其基本原理如图 4-6 所示。这种 CDMA 技术在基带将数字信号用一个采样率高得多的随机序列进行扩展，然后再进行通常的调制。和跳频通信一样，这一处理过程同样达到了扩展频谱、抗干扰和保密的效果。虽然同样是扩展频谱，但是它与以前军用的跳频系统还是有所区别的。

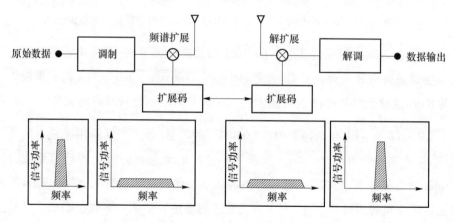

图 4-6　直接序列 CDMA 扩谱通信原理示意

在 DS-CDMA 系统中，不同用户的数据流被相互正交的码加扰，然后通过同一个频率和时间资源进行通信。打个比喻，这个就好像在同一个房间里有很多人使用不同国家的语言在说话，虽然环境嘈杂，但人们相互间还是可以沟通并听懂相同语言的对话。而对于不懂这些语言的外人来讲，则完全听不懂他们在说什么。因此，CDMA 具有很强的抗干扰性和保密性。

多径效应历来是无线通信中一个令人很头痛的问题，CDMA 却可以十分巧妙地通过一种叫 RAKE 的接收机（最先由 MIT 林肯实验室的 Bob Price 和 Paul Green 发明，用于雷达信号）处理接收。在这种接收机中，若干相关检测器分别捕获发送信号通过不同无线路径的接收版本信号，并通过信号处理方法把结果整合起来，做出最优的判断，获知发射端的信号，从而有效地利用无线通信中令人头痛的多径效应。

高通公司在成立之初的第一个产品是利用 CDMA 技术开发的卡车通信系统，称之为 OmniTracs。这种卡车通信系统利用 Ku 频段卫星通信，这一频段原先大多用于拥有较大天线的定向固定卫星接收终端。由于 FCC 规定任何小型化的移动终端都不能对原有的通信形成干扰，因此高通提议采用 CDMA 扩谱技术，正好避免对原有 Ku 频段的 VSAT 产生干扰。其原因就在于扩展后的宽带信号对于窄带信号而言看起来就像是一个低幅度的宽带的干扰，通过窄带滤波可以消除其中绝大多数的干扰能量。

高通设计了一种 10 英寸(1 英寸＝2.54 cm)的小型定向天线，其可以准确灵敏地接收来自卫星的信号，此外还有配套的小型化的信号处理装置以及显示终端和键盘，可以安装在卡车上供司机使用。这个系统在 1988 年获得了 FCC 的许可。这个系统利用卫星把卡车和公司总部联系起来，使卡车公司可以掌握所有车辆的状况，这对于卡车公司来讲非常有价值。1988 年 10 月，OmniTracs 的第一个客户 Schneider 卡车公司在其约 10 000 辆的卡车上安装了 OmniTracs 的卫星装置。后来，这个卫星系统一直发展到拥有上百万用户。

OmniTracs 部门成了当时高通的现金牛，在第二代移动通信系统产生收入之前支撑了公司的运转和对陆基 CDMA 系统以及芯片业务的高研发投入。

CDMA 在卡车卫星系统上获得成功后，创始人之一的 Gilhousen 建议高通进入蜂窝网移动通信领域。这和维特比的想法有点不谋而合，后者在 1982 年的一篇论文中就曾提出过这一想法。不过，把 CDMA 技术应用到陆基移动通信并不容易，有很多困难需要克服。

比如，在卫星通信中，地面接收终端到卫星的距离大体是相同的，因此，卫星接收到的来自各个终端的信号大致也相差不大。而在蜂窝移动通信系统中，终端和基站的距离可以变化很大，有些终端在基站附近，有些则在小区的边缘地带，这样，当系统采用 CDMA 技术时，就会产生所谓的远近效应(near far effect)，即距离基站较近的终端对处于小区边缘的距离基站较远的终端的接收信号产生严重干扰。这是 CDMA 系统在蜂窝网中应用时要克服的一个很大的困难。学术界研究了很多的方案,以克服这一现象,如各种基于信号处理的多用户检测技术。后来,高通公司开发了功率控制技术并解决了此问题,即靠近基站的终端采用较低的发射功率,而在小区边缘的终端采用较高的发射功率,使得基站接收到的来自不同用户的信号大致相同。这样减少了终端的功耗,电池使用寿命也得到了延长。在 CDMA 的实际应用中,还有开环控制和闭环控制两种方法,控制频率可以高达每秒 1 500 次。

除了通过功率控制技术解决远近干扰问题,高通还发明了小区间的同频复用和软切换,以及可变速率的 Vocoder 等技术。这些核心技术和专利日后成为高通的一大收入来源。高通公司申请专利有一个特点,不是简单地申请单一的核心技术专利,而是申请一大批相关的专利组合,以使他人无法绕过其核心专利。正是因为他的专利城墙足够高,护城河足够宽,而且非常严密,高通才从他的专利中受益匪浅。当时的高通既聚集了美国通信业界最优秀的学者和工程师,也聚集了最优秀的专利法律师。

早期高通的公司文化非常像大学,招收业界最优秀的工程师,给予优厚的待遇和充分的自由,甚至每人都有自己的办公室。公司还有健身房,每天早上和晚上提供各种免费的美食与水果。高通曾经是美国成长最快的企业之一。

高通招人的面试也很有特点,通常面试官很少直接询问专业知识,而是给出基本的条件假设,让面试者用所谓的第一原理(first principle)去解决一个问题(比如数学问题)。通过被面试者解决问题的过程来考察其智力水平和解决问题的能力。对工程师的管理,高通的名言是"没有人会告诉你做什么,你应该自己发现该做什么"。

高通网罗了美国通信业界优秀的人才,维特比和雅各布就是业界大牛。距离高通不到 2 英里(1 英里=1.61 km)的加利福尼亚大学圣迭戈分校(UCSD)为高通提供了充分的人才。许多优秀的毕业生加入高通,另外,很多通信业界的知名学者都在 UCSD 任教。因此,和位于加利福尼亚圣何塞(San Jose)的硅谷相对应,高通公司和 UCSD 所在的圣迭戈索伦托峡谷(sorrento valley)又被称为"无线谷"(wireless valley)。

在 20 世纪 80 年代到 90 年代初期,高通公司虽然在技术上十分先进,但在财

务上却基本处于亏损状态。通过 IPO（首次公开发行股票）融资来的钱，以及
OmniTRACS 和 Eudora 电子邮件软件获得的利润基本上都被投入 CDMA 系统
的开发中去。当时的人们对于 CDMA 技术还持怀疑观望态度。

幸运的是，美国的移动通信行业协会（Cellular Telecommunication Industry
Association，CTIA）认为，美国的 2G 应该要超越欧洲的 GSM 系统，并设定了比
早期的 AMPS 容量提高 10 倍以上的目标。当时，AT&T 和摩托罗拉等公司提
出的 AMPS 演进版本（即基于 IS-54 的 D-AMPS）无法达到这个宏伟目标，这样就
给了主推 CDMA 的高通一个机会。就这样，在 1989 年，高通向 CTIA 正式提出
了基于 CDMA 的蜂窝网解决方案。

与在 D-AMPS 和 GSM 中广泛使用的 TDMA 技术相比，CDMA 有很多优
点，具体如下。

① 频谱效率高。CDMA 在同一频谱资源上叠加了很多用户的信号，它的频
谱效率大约可以达到 TDMA 系统的 3 倍。

② 基站覆盖范围大。在接收端采用 RAKE 接收机可以有效地利用无线信道
多径效应，CDMA 的链路增益超过 GSM 3～6 dB。

③ 同频复用。同一个频率资源可以在不同小区甚至相邻小区反复使用，大
大地简化了网络规划。

④ 跨越小区时采用软切换。即终端同时和几个基站通信，切换时不需要先
切断再连接，用户体验好，不易发生切换失败。

1989 年，高通说服了运营商 PacTel 一起开始对 CDMA 系统进行现场测试。

当时 PacTel 的 CTO 是华裔学者 William Lee（著有 *Mobile Wireless
Communication* 一书），他对 CDMA 这种新技术持非常支持的态度。现场测试的
成功极大地提高了人们对 CDMA 系统的信心。1993 年，美国的电信工业联盟
（TIA）决定同意采纳 CDMA 为工业标准。运营商 Sprint 和 Verizon 也决定采用
高通的 CDMA 系统（而不是当时非常流行的 GSM）。TIA 批准了 CDMA 的第一
个标准 IS-95（意为 Interim Standard 95，又称为 cdmaOne）。从此，2G 出现了 3
个标准，即 GSM、D-AMPS、cdmaOne。至此，高通终于摆脱了发展的停滞和前景

的不确定性,走上了快速增长的道路。

此时,高通的 CDMA 技术已经非常成熟,除了芯片设计部门(主要设计基于 CDMA 基站和手机的芯片,具体生产则通常交由台积电等芯片生产厂商完成),还成立了 CDMA 基站和 CDMA 手机业务部门。此外,高通还授权 CDMA 技术给其他的芯片和终端设备厂商。

高通的专利授权模式比较奇特,即不仅被授权的芯片公司要向其支付专利使用费,使用该芯片的设备商(如手机制造商)也得按手机数量向其支付专利费,有时专利费甚至高达手机价格的 7%。因此,其每年的专利费收入就非常可观了。据传有人曾经在一次会议上问高通的 CEO,"高通的芯片如果有一天被用于汽车上,那汽车公司是否也要按整车价向高通支付专利费呢?"据说他略作思考后幽默地回答道,"理论上,好像是应该这样。"

1998 年后,高通调整公司架构,把基站部门(连同位于 Lusk Blvd 的具有象征意义的 Q 号楼,即总部大楼)出售给了瑞典的爱立信,把手机部门出售给了日本的京都陶瓷,公司进一步聚焦于 CDMA 技术开发授权和移动芯片的设计。次年,高通在纳斯达克的股价翻了 26 翻,成为当时美国股价上涨最快的公司。也就是在这一时期,有不少早期元老卖掉股票,离开公司,享受生活去了。到 2000 年,高通已经拥有 6 300 名员工,销售额超过了 320 亿美元,利润达 6.7 亿美元。其主要收入来源于 CDMA 芯片、技术授权和其他的无线通信。

移动通信进入了 3G 时代后,CDMA 由于其具有当时最优异的特性,成为唯一主选的波形和多址技术。虽然在这一时期,3G 又分为欧洲的 WCDMA、美国的 cdma2000,以及中国的 TD-SCDMA,但是高通作为 CDMA 技术的主导者,具有的技术优势无可动摇,继续通过专利授权和芯片销售获得了极其可观的收益。

2005 年后,雅各布的儿子保罗(原手机业务部的副总)继任公司 CEO。保罗调整研发项目,进一步聚焦于物联网领域。

2013 年,Mollenkopf 成为 CEO,公司进一步调整,聚焦于汽车、可穿戴设备和其他新兴市场。

在通信界很多大公司都通过收购兼并来增强自己的实力,弥补不足,在这方面高通做得比较成功。从 1997 年起,高通共进行了超过 50 次的收购,这些收购多数获得成功。通过收购,高通获得了公司进一步发展所需要的技术,巩固了其在无线通信领域的竞争优势。

高通是一家通过颠覆性的技术创新获得成功的公司,他独自推动并开创了一代移动通信技术,对于通信技术的进步贡献非常大。在获得成功后,他并没有固步自封,或者染上高福利、低效率、远离客户等大企业常见的毛病,而是通过研发以及收购等手段不断获得新的技术,建立新的竞争优势。虽然起步于 2G 和 3G 时代,但是在 4G 和 5G 时代,他仍然是最大的移动通信芯片供应商和专利授权者之一。

4.3　三大 CDMA 标准

20 世纪 90 年代后期,世界上大多数运营商的网络都部署了 GSM 系统,只有少数运营商采用了 cdmaOne。随着移动用户数的不断增多,2G 的速度和容量逐步出现瓶颈。人们开始讨论新一代的无线通信系统。而 CDMA 由于其优异的特性,成为 3G 的主要候选技术。一些原先部署 GSM 系统的国家的一些厂商联合起来成立了 3GPP 组织,共同讨论制定 3G 的国际标准,他们提出了 WCDMA 标准(又称为 UMTS)。

与此同时,高通则与韩国合作成立了一个叫 3GPP2 的组织,并推出了 cdma2000 系统。

我国也出于类似的考虑,同时也为了保护并促进我国的移动通信产业的发展,向 3GPP 提出了基于时分双工的 TD-SCDMA 系统。

这几种标准都基于 CDMA 技术,但是在技术和实现上又各有不同的特点。因此,这三大系统都毫无例外地得向高通缴纳专利使用费。因此,高通公司是 3G 时代最大的赢家。

3G 的第一次商用是由日本的 NTT 于 2001 年实现的,采用了 WCDMA 技术。3G 除了支持语音和短信业务外,还可以广泛地提供移动互联网、听音乐、看图片等数据业务。

WCDMA 和 cdma2000 都采用了 FDD(Frequency Division Duplex,频分双工)分隔上下行信号, 而 TD-SCDMA 则采用了 TDD(Time Division Duplex,时分双工)的方式,TDD 方式在充分利用频谱(尤其是单块的频谱资源)和非对称上下行流量时具有很大的优势,但同时也增加了系统的复杂度。

欧洲的 WCDMA 系统和原有的 GSM 有一定的兼容性,由于有 GSM 庞大的用户群以及成熟的产业链做支持,因此 WCDMA 在 3G 时代市场占有率最大。随着智能手机的发展,移动流量需求上升,WCDMA 后续又演进出了 3.5G 的 HSPA(High Speed Packet Access)。cdma2000 则演进出了 1x EV-DO(Evolution, Data Only),以支持高速数据服务。

在我国,中国移动在 3G 时代主要部署了 TD-SCDMA 系统,中国联通和中国电信则分别部署了 WCDMA 系统和 cdma2000 系统。TD-SCDMA 系统主要部署于中国国内市场。

3G 虽然相对 2G 拥有诸多技术优势,但是 3G 在推广初期正好是互联网泡沫爆破并引发世界范围内的经济萧条的时候,由于预期过高,在欧洲出现了高昂的 3G 运营牌照拍卖的情况,造成运营商反而没钱投入网络建设和部署的现象。此外,原来预想的市场对于无线数据服务的巨大需求和应用也没有出现,用户应用仍然主要局限于 E-mail 之类的文本型应用,而这些应用并不需要太大的数据流量,建设的 3G 网络得不到充分的利用。因此,3G 在推广的初期并没达到预想的成功。很多运营商仍然在部署成熟而且价廉物美的 GSM 系统。

这种情况一直持续到 2007 年,苹果公司推出了 iPhone,真正进入了智能手机的时代,用户对于无线数据业务产生了巨大需求,3G 网络建设才得以进入快速发展的时期。

这一时期,由于不景气的经济形势,3G 推迟部署,以及技术方向选择等因素的影响,部分通信设备厂商出现了很大的财务困难,公司的收购、整合、裁员更是家常便饭。当时比较大的公司的合并收购有:

① 1999 年,爱立信收购高通的 CDMA 基站设备部门,加强了代表未来发展方向的 CDMA 技术和基站方面的能力。日本的京都陶瓷则收购了高通的 CDMA 手机部门。

② 2006 年,阿尔卡特和朗讯宣布合并,成立阿朗(ALU)。两家公司抱团取暖。

③ 2008 年,诺基亚和西门子的网络设备部门合并,成立诺基亚西门子(又称为诺西),整合了移动通信网络和终端的资源。

④ 2009 年,爱立信收购了加拿大北方电讯的 CDMA 和 LTE 资产,投资 WIMAX 失败的北方电讯宣布破产。

⑤ 2010 年,诺基亚西门子收购摩托罗拉的无线业务,拓展了其在利润丰厚的美国市场中的存在。摩托罗拉手机部门则在不久后被联想集团收入囊中。

4.4　华为

在 3G 时期,有两家中国电信设备公司的迅速崛起引起了人们的极大关注,他们就是华为和中兴。其实这两家公司的快速发展从很早以前就开始了,但是到了 3G 时代,华为和中兴才真正成为国际化的大公司。华为还彻底地超越了爱立信,成为国际通信行业的老大。图 4-7 为位于深圳坂田的华为总部大厦。

1987 年,在深圳南油新村的一栋居民楼里,任正非和几个合伙人一起凑了 2.1 万元,创立了华为公司。之所以取名为"华为",据任正非介绍,当初注册公司时,实在取不出名字来,看到墙上"中华有为"的标语响亮就用它来命名了,有很大的随意性。

图 4-7   位于深圳坂田的华为总部大厦

华为早期主要从事贸易活动,曾经帮香港 HAX 用户交换机做内地的代理。当时内地有不少公司从事类似的买卖,即做境外通信设备的代理,并负责设备安装和售后服务。不过,华为没有像当时很多其他通信设备代理商那样满足于贸易和工程安装,而是不断地提升自己的研发力量,并且承担了很大的风险,投入巨资开发自己的电信交换设备。

任正非认为,当时盛行的中外合资方式不会使中国企业获得外国技术,而且可能既没有得到技术,还失去了本土市场。因此,华为决定完全依靠自己的力量开发电信交换设备。1990 年起,华为开始独立开发程控交换机。1992 年,华为的工程师们开发出了第一台用户交换机 HJD48,这是一种供中小单位使用的小型交换机。这一年,华为的销售额第一次突破了亿元。

同年,任正非大胆决定,投入上亿元资金开发更大型的万门局用交换机。当时华为的资金并不充裕。因此,把相当于一年总销售额的资金投入研发华为承担了非常大的风险。如果项目失败,那么今天的华为很可能也就不存在了。

　　不过，任正非自有其鼓舞士气的方法。1994 年，项目组经过夜以继日的努力，成功地开发出了万门数字式局用交换机，并取名为 C&C08，之所以取名为 C&C08，据说有农村走向城市（country&city）之意，格式参考了 AT&T 的名称，数字 8 则取其吉祥之意。

　　在 20 世纪 90 年代，中国通信市场对电话交换设备的需求很大。交换机的设备供应市场基本被拥有技术优势的几大欧美通信企业占据（如 NEC、富士通、朗讯、爱立信、西门子、阿尔卡特、比利时贝尔等），华为只是一个很不起眼的小公司，技术水平远落后于这些大公司。C&C08 交换机的研制成功在华为历史上具有重大意义，C&C08 是华为第一个大规模进入电信市场的产品，同时，它也是华为的技术平台，使华为在通信行业有了立足的根本，在国内厂商中处于领先地位。至此，华为的第一次豪赌成功了。此后，华为成功的营销服务和以农村包围城市的战略使之在国内获得了越来越多的市场份额。到 2002 年，华为超越位于上海的阿尔卡特贝尔成为中国国内数字交换机和路由器的最大供应商。

　　华为进入无线通信领域则是从开发 CT2 公众无绳电话和 DECT 系统开始的。由于缺乏经验，这两个项目后来都没有成功。从 1996 年起，华为开始投入 GSM 产品的开发，并在 1998 年推出了自己的 GSM 商用产品。但是，由于在无线通信领域缺乏经验，所以华为产品的成熟度和竞争力都有欠缺。此外，华为在当时的几大运营商网络中也没有任何足迹，产品的推广十分困难。因此，这之后的几年里华为的无线产品基本没有盈利。

　　不过，华为在这一时期还是不断地积累，在国际展览上也不断地亮相和宣传自己。

　　也就是在这一时期，华为斥巨资聘请了 IBM 为其提供管理咨询服务，对华为当时的流程进行大规模的现代化改进。据估计，为企业流程的现代化转型华为总共动用的资金可能多达 1.5 亿美元。在当时，除了华为，恐怕很少有中国公司舍得投入如此之大的资金用于咨询服务。不过任正非另有想法，他敦促自己的员工要舍得花钱，虚心学习，只要把西方国家几十年积累的先进经验学习到，这钱就花得值。

IBM 帮助华为建立了先进的管理体系和优化了其产品开发流程，降低了产品开发的成本，并且缩短了产品开发的周期。此外，IBM 还优化了其供应链和销售体系。

2000 年起，华为开始大规模投入 3G WCDMA 系统的开发。当时，华为没有像 UTStarcom 和中兴那样投入在国内刚刚兴起的小灵通产品，原因在于华为认为小灵通是日本淘汰的系统，技术上并不先进，不是国际主流的通信系统，即使当时盛行，最终也只会昙花一现，因此就没有投入力量到小灵通的研发。事情的发展确实也是如此，即小灵通确实更多的是一个过渡性的通信系统。但是没有想到的是，由于政策和市场需求等因素，以及当时 3G 牌照的延迟发放，小灵通在国内大受欢迎并流行了很多年，UTStarcom 和中兴则借此机会通过小灵通系统获得了非常可观的收入。华为埋头开发 3G，反而错过了小灵通的市场机会。不过这也使得华为能更好地聚焦于 3G 的开发。

这一时期华为无线部门的主要收入来源于 GSM，3G 的收入不多，其在国际市场中占有的份额非常少。由于受国际上互联网泡沫破裂，以及 3G 商业部署全球放缓的影响，2001—2002 年是华为非常困难的时期，2002 年销售甚至还出现了负增长，这一时期即所谓的"华为的冬天"。

国际电源大公司爱默生进入中国市场，收购了华为的通信电源部门，为华为带来了几十亿元人民币的现金流。此外，华为通过融资和员工持股等方式也解决了一部分的资金问题。

2003 年起，华为再次进入了增长的通道。值得一提的是，即使在困难的情况下，华为在研发上的投入一直没有放松。早期华为的形象一直是"价格低，产品次，服务好"，其产品也基本模仿西方企业的产品，缺乏自己的创新。但是在这一时期，华为在无线通信领域有了一些创新。

一个是分布式基站，即在缺乏基站安装位置的情况下，把射频拉远单元（Remote Radio Unit，RRU）和天线拉远，并通过光纤连接到基带处理单元。这样做可以大大地节省客户机房、电源、空调等设施，降低了安装维护的费用，很受客户欢迎。华为是这一解决方案概念的倡导者之一。2003 年，华为、爱立信、西门子等公司还联合发起了 CPRI（Common Public Radio Interface）合作组织，致力于统一基带处理单元和射频拉远单元传输接口，CPRI 现在已成为业界连接射频拉远单元和基带处理单元之间数据传输的通用标准协议。

另一个就是 SingleRAN，即根据软件无线电的架构原理，以同一台具有软件配置能力的基站满足不同接入标准的需求，这样可以在同样的基站平台上通过软件的更改来实现 GSM、UMTS，以及后来的 LTE 标准。这一解决方案来源于国际运营商沃达丰的需求，它能有效地降低运营商的投资成本，大大地提升了华为的全球竞争力。2008 年，华为提供了同时支持 GSM 和 UMTS 的 SingleRan 解决方案。同年，华为又提供了同时支持 UMTS 和 LTE 的 SingleRan，它简化了很多客户的网络，并降低了未来升级的成本，深受客户欢迎。

2007 年，随着智能手机引爆无线通信流量的需求，国际无线市场对于 3G 的投资额开始大幅增加。而华为在 GSM 和 UMTS 这两个系统上的产品都已非常成熟，其应标水平、工程交付以及网络规划能力也早已今非昔比。

2008 年，华为的 GSM 收入已经达到了业界老大爱立信的收入的 1/4 多，而 UMTS 则已经达到了爱立信的 40% 的规模。

此外，华为在海外市场也取得了很大突破。2009 年，瑞典著名运营商 Teliasonera 决定由华为为其在挪威首都奥斯陆的网络提供移动通信设备。同年，华为再次获得大单，改造并替换挪威全国的无线通信网络。华为在要求严格的欧洲市场的成功，标志着华为已不再是一家紧跟诺基亚和爱立信背后，以低价策略获得一些低端市场份额的中国公司，而是一家拥有同样的先进技术、产品和交付能力的一线设备供应商。

到 2015 年，中国三大运营商开始大举投资 4G LTE 系统。在整个 4G 时代，中国国内的电信投入是世界第一，部署的无线基站占了世界总量的一半左右，这就为此时已在国内通信市场占有绝对优势地位的华为赢得了极好的发展机会。华为在无线市场上的总份额一举超过了爱立信，成为无线通信的老大。华为历年营收变化如图 4-8 所示。

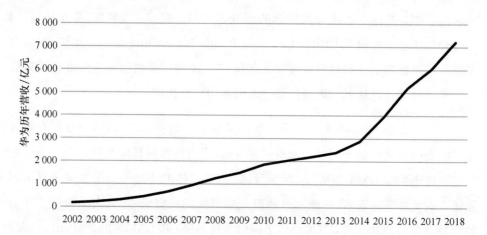

图 4-8　华为 2002 年后历年营收变化

　　到了 5G 时代，华为从欧盟的 Metis 项目和 3GPP 标准化过程的一开始就积极参与，并且投入了比其他几大设备商更多的人力与物力，这时已不再是紧跟不放，而是引领了很多方面的技术创新，其发明专利数量和 3GPP 的标准提案数量都排名世界第一位，在标准完成之后，由于华为开发产品的效率和进度都超过其他厂商，使其在后续的试验推广和产品化过程中明显领先主要竞争对手。主要公司 5G 专利数如表 4-1 所示。主要公司对 3GPP 5G 方向技术的贡献数如表 4-2 所示。

表 4-1　主要公司 5G 专利数

公司	华为	诺基亚	三星	LG	中兴	高通	爱立信	英特尔	电信研究院	夏普	Oppo
专利数	1 554	1 427	1 316	1 274	1 208	846	819	551	545	468	207

表 4-2　主要公司对 3GPP 5G 方向技术的贡献数

公司	华为	爱立信	诺基亚	高通	三星	中兴	英特尔	LG	中国移动	电信研究院	NTT Docomo
贡献数	10 844	8 428	5 843	3 018	2 621	2 341	1 890	1 650	1 345	1 240	1 173

　　因此，华为在无线通信上可以说是起步于 2G，追赶于 3G、4G，领先于 5G。

当然，目前来看这种领先还并不明显。原因在于 5G 的情形比较复杂，频段很多，应用场景也多，技术、标准、市场也在不断变化演进，并且华为无法进入对通信设备要求最高、利润最丰厚的美国市场，在欧洲、日本、韩国市场也面临困难，这是一个很大的损失。在中低频的产品上，华为的进度确实领先其他设备商，但是这种领先更多的是体现在产品开发和功能的实现层面，并非完全不可超越。此外，供应链(特别是核心想法的供应)的不确定性也将是华为的一大挑战。

不过，毫无疑问的是，在 5G 时代，华为已经局部领先于其他主要竞争对手，在未来通信业发展的布局上占据了非常有利的位置，他和爱立信、诺基亚、中兴、信科集团、韩国的三星集团等公司一起构成全球最大的几家无线通信设备厂商。

华为能取得今天的成就最主要的几个因素。

① 客户至上的理念。虽然世界上所有公司都自称做到了客户至上，但恐怕都没有华为做得那么彻底和极致。任正非有一句简单粗暴的名言，华为人"要脑袋对着客户，屁股对着领导"。有一个例子，在华为发展的早期，有些国内偏远地区的运营商的设备连接线经常被老鼠咬坏，当时，国际大公司的态度是这是客户自己需要解决的机房管理问题。华为的态度则不同，专门找人研究如何加固设备连接线并解决了问题，因此受到了客户的好评。后来，这助华为在有同样问题的一些中东和第三世界国家获得了大的订单。

② 长期规划。由于华为不是上市公司，因此可以做比较长期的战略规划，这些规划很多时候甚至可以牺牲短期的效益。欧美很多上市公司的管理层通常过于看重短期(如季度或年度)的财务目标，而失去长远规划，最终走向失败。

③ 坚持低利润和高研发投入。华为每年都将营业收入中的很大一部分用于新产品和新技术的开发。

④ 组织架构的不断自我变革。华为人很清楚，自己不主动革命，就会被别人革命。

⑤ 政府和运营商的大力支持,以及过去几十年中国经济的高速增长和国内电信市场的大量投入。

⑥ 中国本土大量勤奋优秀的工程师。

⑦ 华为独特的企业文化也是其成功的一大关键。所谓企业文化即指企业所有员工拥有的一系列价值观的集合,是其行为模式的规范。华为文化的特点是吃苦耐劳、坚韧不拔的奋斗者精神。华为招人,排在第一位的倒并不一定是专业水平,华为更看重的是吃苦耐劳和团队协作的精神。其内部的人事激励可以总结为"三高",即高效率、高压力、高工资。而其员工持股计划则大大地增强了企业的凝聚力。与高收入相对应的则是华为严格的业绩考评和末位淘汰所形成的工作压力。

这种文化使华为拥有非常强的执行力。一旦看准了方向,华为的开发进度通常会把其他公司抛在后面,获得先发优势。华为的文化对华为的竞争力是至关重要的,也是其他公司难以模仿的。这种文化也深刻地影响了所有华为员工的职业发展,成为他们价值观的一部分。

目前,华为的业务范围已十分广泛,无线接入、交换、数据、传输、终端样样俱全,从服务器到芯片,从无线到有线,华为都有自己的产品,其是通信设备商中提供端到端商用方案最完整的厂商。

在过去的几十年,随着中国经济的快速增长,有不少中国企业成长为国际上举足轻重的企业。华为更是其中的佼佼者,是国内少见的掌握完整核心技术能力并在国际市场居于领先地位的中国公司。

4.5 北方电讯的兴衰

如果说中国的华为和中兴的快速崛起让人赞叹,那在同一时期的加拿大北方电讯(Nortel)的破产就有点令人惋惜了。

Nortel 成立于 1895 年,当时取名为北方电子和生产公司(Northern Electric and Manufacturing Co.),注册地在加拿大的蒙特利尔,最开始是作为电信运营商贝尔加拿大公司的生产部门,主要设计生产电话设备。此外,Nortel 也设计生产报警器、收音机等电子产品,在加拿大市场销售。Nortel 在第二次世界大战中为加拿大军方提供了不少电子和通信设备。Nortel 在电子方面的业务做得很成功。到 20 世纪 60 年代,公司已拥有数千名员工。Nortel 位于渥太华的总部如图 4-9 所示。

图 4-9　Nortel 位于渥太华的总部

Nortel 真正开始腾飞并一举成为世界电信巨头则是在 20 世纪 80 年代。

20 世纪 70 年代,在贝尔加拿大公司的资助和支持下,Nortel 开始前瞻性地研究数字交换技术。这比当时世界上别的电信公司都要早,投入的时间点可谓恰到好处。

到了 20 世纪 80 年代初,随着电话在社会上的大量普及,很多地方(包括电信运营商)迫切需要数字交换设备。美国 AT&T 由于反垄断法被切割为若干个区域性的小贝尔公司(Baby Bell),这使得他们可以从 AT&T 所属的西方电子公司外的其他电信设备商那里购买设备。就这样,Nortel 的数字交换设备不仅在加拿大,在美国也获得了相当大的市场份额。

到 20 世纪 80 年代末,在 CEO Rudolph Kriegler 的领导下,Nortel 推出了世

界领先的光纤通信产品,在光纤市场上取得了极大的成功。到了 1990 年,Nortel 看准通信市场的趋势,又开始涉足无线通信设备领域。此时的 Nortel 已成为世界最大的电信设备商之一,其股票在美国和加拿大证券市场备受追捧。

到了 1997 年,Roth 成为 Nortel 的 CEO。Nortel 对世界电信业的发展做了评估,并认为,未来将是互联网的时代,Nortel 要成为互联网时代的世界通信巨头。这本身是一个完全正确的预见,但公司的衰落似乎也正是从这时开始的。

为了使公司为即将到来的互联网时代做好准备,Nortel 进行了很多起公司的收购,用以获得公司未来发展所需要的技术。当时的资本市场正处于狂欢的盛宴之中,Nortel 股价高涨(2000 年,Nortel 的市值已占有多伦多股票市场的 1/3,Nortel 成为当时世界上第九大最有价值的公司),这使得公司可以设法获得足够的资金去支持并完成收购行动。

从 1997 年到 2000 年,Nortel 完成了许多大手笔的收购,以增强公司在宽带互联网领域的竞争力。其中最著名的是在 1998 年用 91 亿美元完成的对硅谷 Bay Network 的收购,Bay Network 的主要产品是企业网络和数据网络设备,可以补充 Nortel 的产品组合。

但遗憾的是,姑且不论这些收购的合理性,Nortel 在收购这些公司后的整合方面很不成功。这些收购虽然带来了公司所需要的技术和产品,但是却使公司的组织架构变得很复杂,公司内不同背景的团队相互不和、文化冲突,企业的运营成本急剧上升,财务管理也陷入混乱。

从 1997 年到 2000 年,公司的收入增加了 2 倍,但是却没有任何的盈利。此外,由于财务混乱,公司高层不得不耗费大量精力用于应付各种财务检查和合规事宜,没有时间去认真考虑市场和客户的需要。

2000 年,美国互联网泡沫破裂,大麻烦也开始随之而来。公司在产品战略方面遇到了一系列的问题:

- Nortel 的客户大多局限在北美,而且集中在少数几个大客户。在互联网泡沫破裂后,这些客户自顾不暇。因此,Nortel 拿到的订单大大地减少了,严重地影响了公司的营收。

- Nortel 的竞争优势主要在固网和光通信方面,而固网市场此时已呈现下降趋势,光通信市场也基本饱和。

- Nortel 早已意识到这些问题,因此大举投入前途更光明的无线通信领域。但遗憾的是,他在技术路线选择上却犯了很多错误。如在 2G 时代,对于 GSM 和 CDMA 之争,Nortel 押注于 CDMA,结果 GSM 标准大获成功,占了世界 80% 的市场份额,而 CDMA 只占了 20% 的市场份额。Nortel 后来又大力投入 Intel 主导推动的 WiMAX 系统的开发,结果 WiMAX 却以失败告终,被业界完全抛弃。Nortel 曾一度是 LTE 技术的领导者之一,但是公司的财务状况和现金流却不足以支撑到 LTE 的大规模商用部署。

当然,这些倒也很难说是 Nortel 本身的错误,因为这一时期的其他北美电信设备商(如摩托罗拉、朗讯等公司)也都有类似的问题,这是美国互联网泡沫以及北美所选择的无线标准的失败。但是 Nortel 本身的管理问题以及大量收购导致财务上的过度透支加剧了危机的后果,使得公司无法从失败中恢复元气。

Nortel 另一个很大的问题就是他后来无法认真倾听客户的需求和对市场状况作出快速的反应。20 世纪 80 年代 Nortel 抓住了数字转换机的市场机会,一跃成为通信业巨头,Nortel 具有很强的研发能力和技术实力,但是他的整个商务模式其实是存在缺陷的。他的商业模式一直是埋头构思并设计先进的技术和产品、生产产品,并且在自己认为合适的时候销售给客户。这种相对墨守成规的企业文化可以设计并生产出很好的产品,但是却难免傲慢,无法倾听客户的声音以及对快速变化的市场状况做出反应。

到 2006 年,主要客户基本对 Nortel 已经不抱希望。客户反映,已经很久没看到 Nortel 推出新产品了。人们普遍认为,Nortel 大势已去。

2009 年,困境中的 Nortel 出售旗下的所有资产。爱立信以 11 亿美元收购了

CDMA 和 LTE 部门，Avaya 以 9 亿美元收购了企业网业务，Ciena 以 5.3 亿美元收购了城域以太网(metro ethernet networks)部门，爱立信和 Kapsch 以 10 亿美元收购了 GSM 部门，日立收购了其下一代核心网资产。Nortel 的 6 000 多项专利资产则以 45 亿美元打包出售给了由苹果、EMC、爱立信、微软、黑莓和索尼组成的联盟。

至此，作为加拿大最大的公司和世界电信巨头的 Nortel 完全破产了。Nortel 之于加拿大犹如诺基亚之于芬兰，Nortel 是加拿大的骄傲。加拿大政府也曾试图救助 Nortel，但是在国内受到批评，人们质疑为什么要用纳税人的钱去挽救一家已经没有太大希望的企业。到 2009 年，哈珀政府经过研究最后认为，公司的管理已经完全失效，没有救助的必要了。这一决策是否正确呢？应该还是正确的。因为当时 Nortel 存在的问题确实太多，再投入巨资只是白白浪费纳税人的钱，不如顺其自然。公司虽然倒闭，优秀的工程师和管理人员以及知识技能并没有消失，他们只是换了地方工作甚至创建了自己的公司，在不同的岗位上继续做着贡献。同样的政府救助资金也许用在别的地方效果会更好。

就这样，Nortel 完成了他一度带领加拿大高科技行业的历史使命，并将这一使命传递给了包括位于滑铁卢的黑莓(Research In Motion，RIM)在内的其他新兴企业。

根据渥太华大学的一项研究，Nortel 的破产原因可以归结如下。

① 外部竞争环境的恶化，这包括通信行业竞争的激烈程度加剧、技术的快速变化，以及客户获得更多的话语权，而 Nortel 没有做出相应的调整。

② 关键客户失去了对 Nortel 的信任。

③ 缺乏韧性。Nortel 的管理、战略、组织架构、商业流程、企业文化都使得公司无法对全球性的衰退和竞争环境恶化做出相应的调整。

这一时期，由于美国互联网泡沫破裂触发金融危机，世界对于 3G 系统的需求不足和部署延迟，以及运营商资金缺乏而无力投资，很多通信企业（如

worldcom、3com)都倒闭破产了,Nortel 只是其中之一。

同一时期,世界其他电信设备商如摩托罗拉、朗讯、思科、爱立信、诺基亚、西门子等也由于竞争环境的恶化出现了同样问题,除了思科得以全身而退外,其他公司都不同程度地受到了重创。摩托罗拉出售了除对讲机外的几乎所有资产,朗讯则被法国的阿尔卡特收购,成为后来的阿朗,诺基亚则和西门子的网络部门合并,成为诺基亚西门子。相反,中国受互联网泡沫破裂的影响则相对较小,中国的电信业在这一时期虽然有短暂的停滞,最终还是获得了很大增长。

2007 年后,三大 CDMA 标准(尤其是 WCDMA)获得了广泛的部署,这在一定程度上满足了人们对于移动上网等数据业务的需求。但是与此同时,一种更新的技术标准即将出现,那就是基于 OFDM 技术的 LTE 系统。

5

第5章
LTE时代

4G 时代的标志是采用 LTE(Long Term Evolution,长期演进)技术。

4G 中"LTE"这个词的来源很有意思,它可以追溯到 2001 年在芬兰赫尔辛基举行的未来演进工作会议(Future Evolution Workshop)。当时,受到互联网泡沫的影响,全世界正处于经济萧条之中。欧洲的 3G 频谱拍卖出现了灾难性的后果,移动通信行业十分不景气。就在这种悲观的气氛下,组织者和许多与会者认为和 1G→2G 以及 2G→3G 时所出现的革命性变化不同,移动通信业未来的发展将是长期的演进,而非革命性的变化,于是就采用了"LTE"一词。

但人们没有料到的是,仅一年后,即 2002 年在新奥尔良举行的第二次 FEW 工作会议上,人们的乐观情绪又回来了。与会者普遍认为,3G 的 R99 标准只能支持 384 kbit/s 的速率,远远不能满足人们的需求。3G 所使用的 5 MHz 带宽远远不够,应该考虑大大加宽无线信道的传输带宽。

2005 年在东京举行的 Radio Access Network 工作会议上,人们开始讨论更具体、更革命性的变化,并深入进行了细节探讨。会议上比较重要的建议如诺基亚第一次提出采用 20 MHz 作为下一代通信系统的最大带宽,阿尔卡特则提出采用 OFDM 作为波形和多址接入方案。OFDM 这一技术在 3G 时代就曾被提出过,但是当时存在许多实际的问题没解决。阿尔卡特认为,采用 OFDM 技术对于提高小区边缘的服务质量非常有帮助。就这样,这些早期的提议构成了后来 4G LTE 系统的基础。

5.1　OFDM 技术简史

OFDM 技术其实是由早期的多载波(MCM)技术发展而来的,它最先由贝尔实验室的 R. W. Chang 于 1966 年提出,Chang 并对该技术申请了专利。该技术基于频分多路复用(FDM)技术,但其独特之处在于子载波间相互重叠,大大地提高了并行数据传输的效率。OFDM 波形示意如图 5-1 所示。

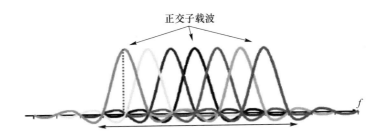

正交子载波

图 5-1　OFDM 波形示意

1971 年,Weinstein 和 Ebert 在 R. W. Chang 工作的基础上提出了一种基于傅里叶变换的 OFDM 系统实现方法。也就是说,OFDM 可以通过采用快速傅里叶变换(FFT)的数字信号处理(DSP)方法简单实现。

对于无线信道中最头疼的多径效应问题,OFDM 技术则通过添加保护间隔的方法克服。这一方法虽然不能完全克服子载波间的干扰,但是采用傅里叶变换的实现方法却是一个非常重要的贡献,使得 OFDM 可以用数字信号处理方法简单实现,为它的大规模使用奠定了基础。

1980 年,Peled 和 Ruiz 在此基础上又提出了通过在每一个 OFDM 符号前添加循环前缀(Cyclic Prefix,CP)对抗无线信道多径效应的方法。其基本思路是通过这一方法,把无线信道多径效应的线性卷积关系转变为循环卷积关系,而后再通过傅里叶逆变换方法复原发送信号。理论上,只要 CP 的长度大于信道中最大的多径时延,接收侧就可以把原始发送信号完整复原出来。

OFDM 既是一种调制技术,也是一种多址技术。这一技术可以有效地对抗无线通信中的多径效应,可以在较差的信道环境中有效传输数据。但是,早期由于受到技术条件的限制,实现傅里叶变换所需的设备复杂度大、成本高,使得 OFDM 技术无法实现大规模应用。在 2G 和 3G 的标准化过程中,都曾经有提案采用 OFDM,但是由于考虑计算的复杂性和终端功耗等而被否决。

随着数字信号处理和半导体芯片技术的发展,OFDM 在很多地方开始获得了应用,如数字音频广播(DAB)系统、数字视频广播(DVB-T)系统、无线局域网(WLAN,802.11a/g/n)、WiMAX(802.16)等。OFDM 最终成了 4G 和 5G 时代所选用的波形技术。

目前业界使用较多的是采用循环前缀的 CP-OFDM 波形。CP-OFDM 波形实现示意如图 5-2 所示。

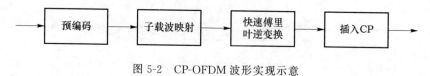

图 5-2 CP-OFDM 波形实现示意

CP-OFDM 通过在每一个符号(symbol)的前部添加循环前置,有效地对抗了最大延迟(delay spread)小于循环前缀长度的无线信道多径效应。

LTE 系统的上行终端侧在 IFFT 前通常先对数据进行一个 DFT 的操作,业界称其为离散傅里叶变换扩展 OFDM(Discrete Fourier Transform Spread OFDM,DFT-S-OFDM)或 SC-FDMA。这样做可以有效地降低发射波形的峰值对均值之比(Peak to Average Power Ratio,PAPR),以降低功放回退的要求,从而降低终端发射机的功耗。基站侧对于功耗的要求没那么苛刻,所以在下行则不进行这个 DFT 扩展的操作,以减少数字信号处理的需要。

CP-OFDM 具有如下主要优点。

① 频谱效率非常高。这主要归功于并行的数据传输和频率重叠。

② 有效抵抗无线信道所面临的最大问题,即多径效应和频率选择性衰落。

③ 可以采用 FFT/IFFT 算法实现波形变换,易于发射机和接收机的硬件实现,以及可在频域进行信道的均衡处理。

④ 利用子载波的正交性消除小区间的干扰。

⑤ 易于与自适应调制技术和大规模天线 MIMO 技术进行适配。

说起 LTE,就不能不提到它的伙伴 WiMAX。

5.2　WiMAX 的插曲

WiMAX 技术是芯片巨头英特尔公司倡导提出的 3G 标准,它的来源则是大家都非常熟悉的无线局域网 Wi-Fi。

1999 年,国际电力和电子工程师协会 IEEE 推出了 802.11a 和 802.11b 两种 Wi-Fi 标准,分别工作在 2.4 GHz 和 5 GHz 两个频段上。Wi-Fi 所支持的最大传输速率为 11 Mbit/s。到 2003 年,IEEE 又推出了基于频分正交多址技术 OFDM 的 Wi-Fi 标准 802.11g,由于采用了 OFDM 技术,频谱效率得到了大大的提高,最大数据传输率达到了 54 Mbit/s。现在通用的 Wi-Fi 标准为 802.11n,即在 OFDM 的基础上又加入了利用空间复用原理的多天线 MIMO 技术,最大数据传输速率更是达到了 600 Mbit/s。

Wi-Fi 系统虽好,但是它不能直接用于移动通信,主要问题是:Wi-Fi 工作在非授权频谱,用户相互之间没有协调,容易相互干扰;它不是一个移动蜂窝网的标准,仅适合家庭、办公室等小范围的使用;它的发射功率小于 100 mW,通信的范围很有限。

2005 年,英特尔联合了诺基亚和摩托罗拉开始共同推进 802.16 标准。

802.16 标准在 802.11g 的基础上做了很多改进,使之可以适用于蜂窝移动通信系统。由于 802.16 中采用了 OFDM 技术,所以它既能克服多径效应的影响,又可以大大地提高频谱效率,而且还避开了 3G 时代高通公司的 CDMA 专利费,因此得到了不少通信厂家的支持。但是,这一系统最终由于种种因素还是失败了,让位给了 LTE 技术。这其中的原因部分在于 WiMAX 来自 Wi-Fi,起初只针对固定客户,对于移动性的支持较差。另外,倡导者 Intel 是一家 ICT 公司,并不是一家电信厂商,他在电信行业的影响不够大,获得的产业链支持较差。除此之外,后来 LTE 的成熟和发展证明了 LTE 更适合移动通信的需要,更适合作为下一代无线通信技术。

WiMAX 的失败导致这一时期的一批看好并押注 WiMAX 的厂商(如前面提到的 Nortel)和运营商(如台湾电信等)受到了很大的损失,他们的研发资金和网络设备的投入打了水漂。

5.3 进入 LTE 时代

虽然两者在技术上很相似,但是 WiMAX 失败了,LTE 却获得了成功。LTE 系统和 WiMAX 有很多相似之处,如同样采用了 20 MHz 的系统带宽(LTE 后续通过载波聚合更是可以达到 5×20 MHz)。

2004 年,国际标准化组织 3GPP 开始着手进行 LTE 的标准化工作,并在 2008 年发布了 LTE 的第一个版本 3GPP Release 8,实现了以单一全球标准支持 LTE 的 FDD 和 TDD 两种制式,方便了不同频段的部署。

世界上第一个商用的 LTE 网络于 2009 年 5 月由瑞典的爱立信和运营商 TeliaSoNera 在斯德哥尔摩启动部署。LTE 系统在提供语音通信的同时也提供高速数据服务。

LTE 系统可以提供更高的传输速率和系统容量,以满足人们日益增长的对于数据流量的需求。从 2010 年起全球 LTE 市场开始启动,2011 年开始规模部署,到了 2012 年,全球运营商开始大量从 CDMA 转向了 LTE 系统。据统计,截止到 2019 年,全球 LTE 基站数量达到了 500 多万个,其中,中国拥有 372 万个,约占全球总数的 60% 左右。

根据双工(duplex)的方式不同,LTE 系统又分为 FDD-LTE 和 TD-LTE。其最大的区别在于上下行通道分离的双工方式,FDD 上下行采用频分方式,TDD 则采用时分的方式。除此区别外,TD-LTE 和 FDD-LTE 采用了基本一致的技术和标准。TDD 系统虽然在实现上增加了一定的复杂度,覆盖范围也不如 FDD,但是 TDD 系统具有频谱使用上的灵活性。此外,TDD 系统的上下行的数据配置也非常灵活,在上下行流量不对称的场景中有很大的优势。

由于技术本身的差异、使用频段的不同以及历史因素,国际上多数运营商都部署了 FDD-LTE 系统,TD-LTE 则主要部署于中国移动以及其他不多的运营商的网络中。不过,由中国首先推动部署的 TDD 系统虽然在 3G 和 4G 中占据的份额并不多,但是到了 5G 中派上了大用场。

从 3G 到 4G 的演进是一个从中低速数据向高速数据传输的演进。4G 除了提供传统的语音和基本的数据服务外,还提供移动宽带服务,支持的应用涵盖了移动互联网、游戏、HDTV、视频会议、云服务等。

5.4　主要设备商

回顾移动通信设备商的发展历史,从早期的摩托罗拉和爱立信两家主要厂商到 2G 和 3G 时代的百花齐放,涌现出了诺基亚、北方电讯、阿尔卡特、西门子、华为、中兴、大唐、NEC、富士通等一大批通信设备厂商,后来经过不断的合并与整合,剩下了为数不多的几家设备商。2015 年后,基本形成了华为、爱立信、诺基亚、中兴这 4 家主要设备商竞争的局面,并延续到了 5G 时代。

当然,除了上述几家较大的设备商以外,还有像中国市场新成立的信科集团(由原来的大唐公司和烽火集团合并而成)等区域性的设备商。韩国的三星集团也开始在韩国和美国市场涉足移动通信接入设备领域。

以 CDMA 起家在 3G 时代独霸天下的芯片厂商高通公司则非常聪明地在 2005 年就以 6 亿美元战略性地收购了位于硅谷的专门开发 OFDM 技术的 Flarion,并大力投入 OFDM 技术的研究,确保了在 4G 时代在技术上继续保持其在移动通信业核心技术和芯片上的领导地位。

中国移动、中国电信和中国联通在 4G 上的大量投入,使得中国的 4G 基站数量达到了全球 4G 基站的 60% 左右,也使得中国成为世界上移动网络最好的国家,覆盖率和容量都在全球居于领先地位,这大大地方便了人们的生活,也促进了中国电子商务和共享经济的发展。

在通信领域过去的几十年中,我们可以看到大量的收购、合并、整合,其中很多是横向的整合。其发生的主要原因是这些大公司为了生存和发展,必须不断扩大经济规模以增强市场影响力,在扩大规模和市场的同时,企业通过合理整合两家公司的资源可以产生"1+1>2"的协同效应,通过消除部门冗余和整合供应链等手段则可以降低运营成本。扩大了经济规模的企业在买方和卖方都可以获得更多的议价能力。

　　此外,很多时候,收购的目的是快速而低风险地获得未来发展需要的某种技术和完善企业现有的产品组合,以期给客户提供更完整的产品和服务。

　　在通信业,这种趋势愈演愈烈,其结果是最后只有少数巨头生存下来,形成了现在的局面。

　　但是,很多的合并收购其最后效果并不理想,很多时候反而达到了"1+1<2"甚至是"1+1<1"的最终效果。很多大型收购并未给公司带来多少利益,反而成为母公司的一大负担。其中很多时候是由于不同企业的文化差异太大,合并后双方的管理层有很多利益冲突(当两家企业规模相当时尤其明显),许多优秀的管理人员和技术人员因此流失,带走宝贵的知识积累。因此,大型企业的合并在执行方面是十分困难的,稍有不慎,就会招致失败,花费了大量资金和背负巨额债务,结果却给公司造成了巨大损失。北方电讯和朗讯的最终失败都和其在互联网泡沫时期的大手笔收购不无关系。

　　既然合并如此困难,那为什么这些大公司还要不断地冒险兼并扩张呢?不扩张,不做兼并整合是否就没事了呢?答案是否定的。原因在于,通信运营商为了满足整个地理区域(如一个国家)的需要,通常都具有很大的规模。考虑投资成本和未来维护升级等因素,他们希望购买的是一个可靠、性能稳定,未来可顺利升级换代的系统。因此,他们希望供应商具有持续经营的能力,而不是昙花一现。所以通常只会从少数(如1~3家)实力雄厚的厂商那里购买设备。此外,由于无线通信行业技术非常复杂,发展变化很快,因此竞争十分激烈,而且只有具有一定经济规模的大企业才有能力支撑如此庞大的研发投入。充分竞争的结果就是全球只有少数规模大、技术领先并且能够以合理价格提供完整的产品组合和优质服务的公司能够生存下来。在这样一个市场环境中,规模越大也就越有优势。不扩张发展,小富即安,最终很可能也一样会被淘汰出局。

　　在通信行业中,不断的合并与整合似乎已经成为一种常态。对于客户来说,这倒并不是一件坏事。扩大了经济规模、组织架构更加优化的厂商可以更低的价格提供更加优质的产品和服务。

　　这对于很多行业内的普通员工来讲却并不一定是好事。总的来说,普通员工的职业生涯始终伴随着不确定性,企业合并要发挥协同效应,一个自然结果就是消除冗余和减少工作岗位,员工们必须要面对不断的部门调整和人员裁减,新的部门、新的职位、新的老板、新的同事都需要个人不断地去做调整和适应,许多员工失去工作后在行业内部找不到合适的工作,不得不另谋出路。在过去的几十年中,对于通信行业内的员工来讲,唯一不变的恐怕就是不断的变化。

不过,随着设备商渐渐集中并出现垄断的趋势,电信运营商开始担忧移动通信领域出现类似于 OPEC(石油输出国际组织)这样的组织,因此,不少运营商近年来热衷于推动 O-RAN(Open Radio Access Network),鼓励采用开放式基站架构,促进基站的软硬件分离和白盒化,以便更多中小型设备厂家能够参与无线通信设备的研发和生产。不过,这种方法未经测试,也存在成本、功耗等方面的担忧,也许还需要很多年才能真正实现。

6

第6章
5G时代

6.1 5G 的起源

4G 时代的 LTE 系统虽然在技术上非常先进,但是人类社会仍然有不少需求是它所无法支持并满足的。此外,LTE 已经在全球启动部署若干年了。这些都促使从事前沿研究和标准化的人们开始研究讨论下一代无线系统的愿景。

事实上,在 2012 年前就已经存在一些关于 5G 的零星研究了。如 2008 年,美国国家航空航天局(NASA)和 M2Mi 公司一起开始研究 5G 通信技术,研究的主要方向是无线传感、小型卫星通信和机器连接等。同年,韩国也启动了 IT 研发项目"基于 BDMA 的 5G 移动通信系统"。这些前期探索和今天我们所说的 5G 相差甚远,不过它们或多或少地促进了 5G 概念的形式。

2012 年 8 月,纽约大学创建了无线通信研究所,并在 5G 一些特定的方向(如 Ted Rappaport 教授领导的对毫米波特性的研究)上做了比较前瞻性的研究。这方面的前期研究对于形成 5G 扩展频谱资源和采用毫米波通信的思路具有一定的指导意义。

对于 5G 完整概念的形成贡献最大的应该还是欧洲的 METIS 项目。2012 年 11 月,欧盟启动了著名的 METIS(Mobile and Wireless Communications Enablers for the Twenty-twenty Information Society,针对 2020 年信息社会的移动通信使能者)研究项目,项目启动的目的就是要完整地定义下一代无线通信系统。METIS 项目通过 ITU-R 以及各种区域性组织,组织了一系列的研究,最后明确定义了 5G 的场景、测试范例和主要技术指标,METIS 项目对全球形成对于 5G 的共识扮演了非常关键的角色。这一项目在 2015 年 4 月完成,使得当时的欧洲对于 5G 的认识和研发处于领导地位。

METIS 的技术报告(D1.1 [MET13-D11])通过客户走访等方法调查研究了无线通信在未来将面临的主要挑战,并大体上确定了下一代无线通信系统的概念和主要技术指标。

报告认为 5G 通信将有 5 种典型的应用场景,具体如下。

① "Amazing fast",指为用户提供极高传输速率的服务。

② "Great service in a crowd",指在拥堵环境(如体育场馆)中提供优质的服务。

③ "Ubiquitous things communicating",指有效地连接大量的不同用途的无线设备。

④ "Best experience follows you",指对于运动中的客户,如汽车、高铁等场景提供高质量的服务。

⑤ "Super real-time and reliable connections",指面对需要高可靠和低时延的应用场景。

报告还认为,5G 所要达到的主要技术指标包括(数值都是相对于 4G 系统的):

① 单位面积数据量提高 1 000 倍;

② 用户速率提高 10～100 倍;

③ 10～100 倍的单位面积连接数;

④ 低功耗设备 10 倍的电池寿命;

⑤ 端到端时延下降 10 倍;

⑥ 同样的成本和能耗。

METIS 的这些对于应用场景和主要技术指标的早期研究对于 5G 概念的形成起了非常大的作用。

2013 年 2 月,国际电信联盟无线电通信组标准化组织(ITU-R)启动了 5G 研究项目,开始更详细地研究 2020 年后人类对于移动通信的需要和愿景。

同年,我国工业和信息化部、国家发展改革委员会与科技部联合成立了 IMT-2020(5G)推进组,通过愿景和需求白皮书明确了 5G 战略,同时启动了 5G 国家重大专项和 863 计划的 5G 研发项目。

韩国和日本也相继成立了 5G Forum 和 ARIB2020,研究 5G 的系统概念、功能和架构等方面的问题。

6.2　从 ITU 愿景到 3GPP 规范

2015 年 6 月,ITU(国际电信联盟)正式确定了 5G 名称、场景和时间表。根据 ITU 所提出的愿景,5G 作为面向 2020 年以后移动通信需求而发展的新一代移动通信系统，所带来的最大改变就是不仅要实现人与人之间的无线通信，也要实现物与物之间的无线通信，要实现的是万物互联。ITU-R 愿景定义了 5G 关键能力和 KPI 指标。IMF-2020 定义的 5G 关键能力示意如图 6-1 所示。

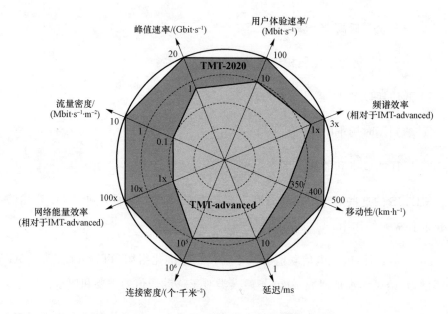

图 6-1　IMT-2020 定义的 5G 关键能力示意

5G 的应用场景大体上可以分为 3 个。

(1) 增强移动宽带场景

增强移动宽带（enhanced Mobile Broadband，eMBB）场景可以看成 4G 移动宽带业务的演进，主要目标为随时随地（包括小区边缘和高速移动等恶劣环境）地为用户提供 100 Mbit/s 以上的用户体验速率；在局部热点区域提供超过 1 Gbit/s 的用户体验速率、数十吉比特每秒的峰值速率，以及数十太比特每秒平方千米的流量密度。eMBB 不仅可以提供 LTE 现有的语音和数据服务，还可以实现诸如移动高清、VR/AR 等应用，提升用户体验。

(2) 海量物联网通信场景

海量物联网通信（massive Machine Type Communication，mMTC）场景是主要面向智慧城市、环境监测、智慧家庭、森林防火等以传感和数据采集为目标的应用场景。其主要特点是小数据包、低功耗、大连接数。这一场景不仅要求网络支持超过百万连接每平方千米的连接密度,而且还要保证终端设备的低成本和低功耗。4G 时代虽然已经通过 NB-IoT 和 eMTC 实现了一些物联网连接,但是成本、功耗都较高,而且不能做到大量设备的接入。只有 5G 才能真正实现海量连接,做到万物互联。

(3) 超高可靠与低时延通信(Ultra Reliable Low Latency Communication, URLLC)场景

这类业务主要满足车联网、工业物联网、远程医疗等应用场景,业务要求小于 1 ms 量级的时延和高达 99.999% 的可靠性。

当然,对以上 3 种应用场景的划分是为了简化需求。实际中出现的应用场景也有可能会介于上述三大类场景之间,这些也都是 5G 需要支持的。5G 三大应用场景 eMBB、mMTC、URLLC 如图 6-2 所示。

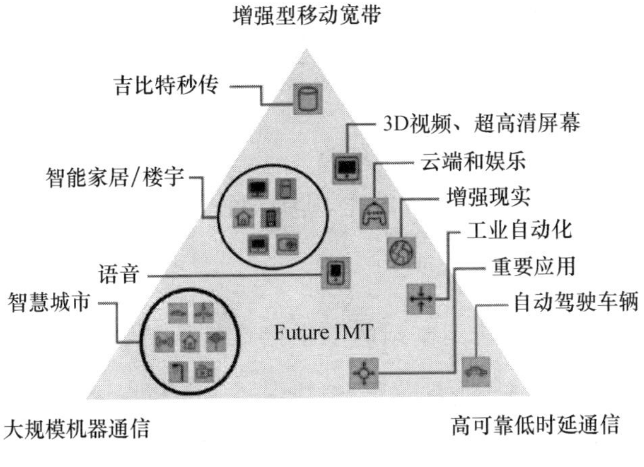

图 6-2　5G 三大应用场景 eMBB、mMTC、URLLC

国际上,3GPP 是制定 5G 技术标准的主要标准组织,3GPP 标准的制定以企业为主,通过区域性研究平台进行合作,各国研究机构、运营商、设备制造商、标准组织都积极参与技术研究、开发实践和标准制定。参加者既包括如华为、中兴、爱立信、诺基亚、高通、英特尔、三星、Interdigital 等芯片和系统设备商,也包括如中国移动、中国电信、中国联通、美国 AT&T、日本 Docomo、德国电信、法国电信、英

国沃达丰等全球主要的运营商。

除了 3GPP 以外，全球的无线频谱资源则通过国际电信联盟无线电通信组标准化组织(ITU-R)来统一规范管理。

从 2016 年起 3GPP 便开始进行 R14 研究项，目标是在 2020 年实现 5G 的商业化部署。为此，3GPP 采取了按阶段定义规范的方式。第一阶段的目标是Release 15，旨在完成规范 5G 的有限功能，于 2017 年 12 月完成了 R15 标准的非独立组网(Non-Stand Alone，NSA)，以及于 2018 年 6 月完成了独立组网(Standa Alone，SA)部分的规范。R15 形成了 5G 标准的第一个正式版本。第二阶段的目标是 Release 16，旨在完成规范 IMT-2020 所定义的所有功能，将于 2020 年完成。

6.3　5G 的关键技术

5G 作为一种全新的无线通信系统，其关键技术主要包括新的空中接口和新的网络架构两个方面。

前者指的是从手机终端到基站的空中接口部分的物理层特性和高层协议，5G 中采用了新的波形设计/多址技术/信道编解码等物理层技术以及新的信令控制流程、新的频段和全频谱接入、大规模天线、高密度组网等技术；后者则是指网络部分将基于网络功能虚拟化(NFV)/软件定义网络(SDN)向软件化、云化转型，用 IT 方式重构网络，实现网络切片，并提供多样化的服务，以支持 5G 时代新业务的低延时和大连接的需要。

为了充分发挥 5G 的作用，这两部分的改进都是必要的。

6.3.1　新的空中接口设计

空中接口是指从用户的手机终端到基站的空中接口部分的物理层特性和信令协议流程。这一部分在整个通信系统中的地位非常重要。这个主要有两方面的原因。

① 空中接口所涉及的设备数量非常庞大。为了达到无线通信网的广泛覆盖,无线网络必须部署大量基站,而手机终端设备数量之大就不必说了。因此,和核心网/互联网中一台设备可以覆盖很大一块区域不同,空中接口部分设备的使用数量和经济发展的关系非常大。

② 空中接口的技术难度很大。无线通信要克服的主要问题是无线电波极其不理想而多变的传播特性,其中主要包括无线信道的多径效应、周围环境中的各种噪声干扰,以及电路本身的相位噪声、非线性等,这些问题的存在使得发送端的信号在到达接收端时很多已经面目全非了。为了通信的可靠性,就需要在发送和接收两侧做大量电路和信号处理工作。因此,学术界和工业界需要对此进行大量的研究。此外,为了实现纠正错误,不同小区的用户注册切换、呼叫等功能,各种协议层的支持也十分复杂,这些因素使得空中接口成为人们关注的一大焦点。

5G 中的空中接口设计大体包含波形设计、多址接入、信道编码与灵活可扩展的参数集和帧结构等几个部分。

1. 波形设计

信号波形设计是移动通信系统的关键技术之一,其目的是把所要传输的信号映射到适合无线信道传输的具体波形上。以往的蜂窝无线系统每一代在波形上都有很大的不同。1G 时代语音信号采用的是模拟制式的 FM 频率调制;2G 时代则采用了以 GMSK 和 CDMA 为代表的数字调制的方式;3G 时代采用的是

DS-CDMA 扩谱波形,频谱使用效率有了很大的提高;4G 时代则采用了更加优异的 OFDM 波形。所以 5G 时代采用什么样的信号波形设计也就成为人们关注的一个焦点。

在 3GPP R15 的讨论中,参会者根据以往候选波形和仿真结果讨论,达成了频段增强移动宽带业务波形的决议,即 5G 在小于 40 GHz 的频谱范围内,针对增强宽带业务,下行通道支持 CP-OFDM,上行通道则支持 CP-OFDM 和 DFT-S-OFDM 波形。

可以看到,5G 中没有像 1G 向 2G、2G 向 3G 以及 3G 向 4G 演进时那样出现一个革命性的新波形,而是基本沿用并优化了 4G 时代的 OFDM 波形。因此,5G 的特色更多地体现在它是无线通信生态系统的融合,而非信号波形设计本身的革命性突破。在 5G 中更多的是通过采用大规模天线、毫米波、灵活的参数集、高密度组网等技术人人地提高总的通信容量和质量。

不过,在 5G 中采用了和 4G 中类似的 OFDM 波形,在其基础上,还做了很多的优化,使得频谱的使用灵活性和效率都大大地提高了。比如,4G 中的频谱效率通常为 90%,5G 中的则可以达到 99%。此外,5G 支持的最大带宽分别为 50 MHz、100 MHz、200 MHz 和 400 MHz,这有别于 LTE 中仅支持 20 MHz 的带宽。

2. 多址接入

无线通信信道是一个多址接入信道,多个不同的收发信机共享信道上的时/频/空间资源来进行数据收发。根据接入方式的不同,多址接入技术通常分为两大类,即正交多址接入(Orthogonal Multiple Access,OMA)和非正交多址接入(Non-Orthogonal Multiple Access,NOMA)。采用正交多址接入方式,用户间相互不存在干扰。采用非正交多址接入方式,每个用户的信号都有可能与其他用户的信号相互干扰,但是这种干扰通常在接收时可以采用信号处理的方式去除,以还原真实的特定用户的信号。

到目前为止,世界上大多数通信系统中采用的都是正交多址接入方式,这种多址方式的特点是实现起来比较简单。它主要包含频分多址(FDMA)、时分多址(TDMA)、正交频分多址(OFDMA)、码分多址(CDMA)、空分多址(SDMA)和极化多址(PDMA)等几种。

移动通信从 1G 到 4G 的多址技术都采用了正交设计。到了 5G 时代,目前看来,在增强移动宽带业务场景下,成熟的 OFDMA 技术仍然是一种重要的基础多址接入技术。但是在海量物联网通信和超高可靠与低延时通信场景下,非正交多址接入技术也是一种可能的选择。

在 5G 标准的讨论中,许多公司如高通、华为、中兴和大唐电信都提出了自己的非正交多址接入技术,分别为 RSMA(Resource Spread Multiple Access)、SCMA(Sparse Code Multiple Access)、MUSA(Multi-User Shared Access)和 PDMA(Pattern Defined Multiple Access)等。

3GPP 在 R15 的讨论中最后决定,在增强移动宽带场景下,上下行通道仍然采用成熟的 OFDMA 技术。同时各公司也达成共识,非正交多址接入技术能够给 5G 带来更多选择,因此在一部分业务场景中,如针对 mMTC 的上行应用,以后可以考虑采用其他的非正交多址接入技术。

3. 信道编码

信道编码(channel coding)是无线通信领域最核心的技术之一。信道编码的目的是以尽可能小的额外冗余开销确保信息的可靠传送。在同样的误码率下,所需要的开销越小,编码的效率也就越高。

传统的信道编解码大体上包括线性分组码、卷积码和级联码。它们所能达到的信道容量与香农理论极限始终都存在一定的差距。

直到 Turbo 码出现才改变了这种情况。Turbo 码的性能非常优异,可以非常逼近香农理论的极限。在 3G 和 4G 时代的移动通信系统中,Turbo 码扮演了非常重要的角色。

在 5G 时代,数据的传输速度将比 4G 有数量级的提高,对于 Turbo 码而言,其基于串行处理的解码器要在这种情况下有效地支持如此高速的数据传输将是个挑战。

与此同时,5G 时代出现了更加丰富的业务应用场景和对信道编码的新要求,比如,mMTC 场景需要传输的文件包较小,而 URLLC 场景对编解码延时和低误码平台要求很高,Turbo 码在所有这些新的场景中是否还是最优的,这也同样是个问题。这就要求业界重新审视和研究适合 5G 的信道编解码技术。

在 3GPP R15 的讨论中,新的编解码方案讨论主要集中于先进的 Turbo 码、低密度偶校验码(LDPC)以及 Polar 码(又称为极化码)。与传统的线性分组码和卷积码相比,这 3 种码的性能都更加优异,可以非常逼近香农理论的极限,但是它们在适用的场景和编解码器的复杂性上又有各自不同的特点。

经过多次的讨论和大量的研究仿真,3GPP 最终确定了数据信道采用 LDPC 码,控制信道则采用 Polar 码的方案。

4. 灵活可扩展的参数集和帧结构

和 4G 不同,5G 中的 OFDM 波形具有灵活可扩展的特点,在 R15 标准的规范定义中,5G 波形的子载波间隔可表达为 15×2^n kHz(其中 $n=0,1,2,3,4$),从 15 kHz 到 240 kHz 不等。其基准参数集采用了和 LTE 一样的 15 kHz 子载波间隔、符号以及循环前缀的长度。对于 5G 所有不同的参数集,每个时隙都拥有一样的 14 个 OFDM 符号数,这大大地简化了调度等其他方面的设计。此外,5G 还专门定义了一种子时隙(或称微时隙),它适用于低时延类业务,用于快速灵活的调度。5G 中不同子载波间隔下符号关系示意如图 6-3 所示。

5G 中灵活的参数集对于支持各种不同的业务类型的需求非常重要。

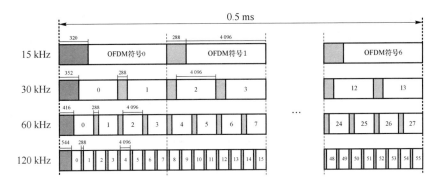

图 6-3　5G 中不同子载波间隔下符号关系示意(以 0.5 ms 为例)

6.3.2　大规模天线技术

MIMO 是指在发送端和接收端采用多根天线,使信号在空间获得阵列增益、分集增益、复用增益和干扰抵消等效果,从而得到更大的系统容量、更广的覆盖范围和更高的用户速率。

MIMO 技术最早由美国的贝尔实验室提出。1996 年,贝尔实验室的 G. J. Foscchini 等人研究出了世界上第一台 MIMO 概念验证机(Bell Lab Layered Space Time,BLAST),利用信号传播的空间散射特性,实现了高达 40 bit/(s·Hz) 的频谱效率,轰动了业界,并引发了 MIMO 研究的热潮。4×4 MIMO 示意如图 6-4 所示。

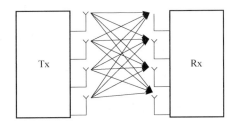

图 6-4　4×4 MIMO 示意

MIMO 技术最先被应用在无线局域网 Wi-Fi 中。在 4G LTE 时代,MIMO

的应用部署已十分广泛,但是一般所采用的天线阵列不大,天线单元不多,如中国移动在 TD-LTE 基站中采用了 8 天线阵列,而多数运营商都采用了小于 4 个天线单元的阵列。在手机终端设备部分,由于受到尺寸限制,通常采用少于 2 个天线单元。

在 5G 中,天线阵列发展到了大规模的程度,因此又叫 massive MIMO (mMIMO)。massive MIMO 技术采用由大量收发信单元(TRX)与大量天线单元构成的阵列,实现波束赋形与多用户空间复用的组合。其中,波束赋形的定向高增益有利于增强覆盖范围,高阶阵列复用则能够增强系统容量和提高频谱效率。mMIMO 中可控天线单元数通常远大于 8 个(比如,基站中常用到 64 个收发单元)。5G 中 64 天线和 4G 中常用的 8 天线模型对比如图 6-5 所示。大规模天线波束赋形示意如图 6-6 所示。

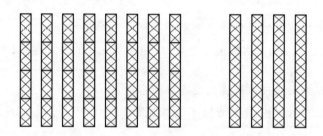

图 6-5　5G 中 64 天线和 4G 中常用的 8 天线模型对比

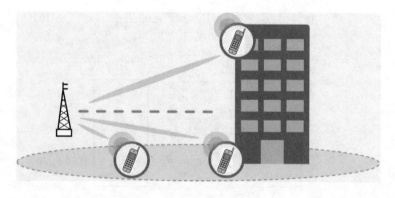

图 6-6　大规模天线波束赋形示意

另外,5G 很多场景所采用的频率较高,导致其传播特性较差,因此在高频段(如毫米波波段),必须采用 mMIMO 技术以提高基站的覆盖能力。

6.3.3　毫米波

随着移动数据用户数量的增长,无线通信对带宽的需求越来越大。在 6 GHz 以下的中低频频谱中,频率资源已十分有限。因此,到了 5G,人们开始考虑将使用的无线信号的频道扩展到大于 6 GHz 的频段,其中包括了毫米波波段。

所谓毫米波是指在 30～300 GHz 之间的频带。在这个频率范围中,电磁波的波长小到了毫米级的范围。

毫米波有许多的优点和缺点,其优点主要如下。

- 能提供更大的带宽,可以同时支持更多的用户和提供更大的数据流,更适合小小区高容量的部署。

- 由于波长短,所以天线可以设计成很小的尺寸,这就使得在设备中可以使用大规模天线技术来提高覆盖率和容量。

- 可用于支持千兆回程(backhaul)。

毫米波的缺点具体如下。

- 毫米波传输会经历如穿透、雨衰减等信号衰减,这限制了毫米波在 5G 中使用时的距离覆盖。毫米波的路径损耗与频率的平方成正比。

- 绕射特性差,仅支持视距传播。

- 毫米波功率消耗较大,这是因为为了达到一定的区域覆盖目的,通常需要较多的天线数量和射频模块。为了避免这一缺点,需要在接收器处使用比天线数量更少的射频链的混合架构;此外,可以设计低功耗模拟处理电路。

在进行 5G 毫米波链路预算时有必要充分考虑这些弱点,这对于 5G 毫米波的成功部署非常重要。目前来讲,中国的 5G 频谱基本分布在 6 GHz 以下的中低频段,而美国则较多地使用了较高频率的毫米波波段,这是由于美国在中频段缺乏连续的频谱资源。

6.3.4 网络切片、软件定义网络和网络功能虚拟化

网络切片(network slicing)是为了不同的应用、服务目的而在同一物理硬件资源上实现的多个虚拟网络。这种虚拟网络架构结合了软件定义网络(SDN)和网络功能虚拟化(NFV)的原理,以提高网络的灵活性。可以根据不同的应用场景和业务类型(如高清视频、VR、大规模物联网、车联网等),以及它们对于移动性、数据流量、安全性、时延、可靠性的不同要求,生成不同的网络切片,以实现不同的网络功能组合。比如,为了支持自动驾驶所需要的业务,可以在网络边缘生成单独的高带宽、低延时、高可靠边缘网络切片。网络切片示意如图 6-7所示。

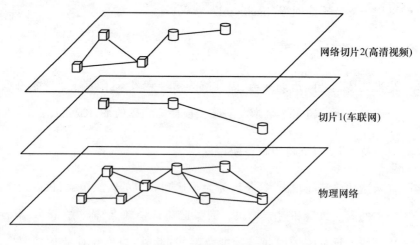

网络切片2(高清视频)

切片1(车联网)

物理网络

图 6-7 网络切片示意

网络切片将控制平面(CP)与用户平面(UP)分离。每个网络切片都可以有自己的体系结构和特性,以满足特定用例的要求。

6.4　试验和商业部署状况

截止到 2018 年 12 月,全球有近 200 家运营商进行了 5G 测试、试验以及部署。很多国家已明确了 5G 频谱拍卖/分配时间或发布了 5G 推进政策和计划。

5G 商用进行得最快的应该是美国运营商 Verizon,Verizon 于 2018 年 10 月 1 日在美国多个城市部分地区推出了基于 5G 的固定无线宽带接入商用服务,但是其部署初期是基于 Verizon 自己的 5GTF 标准,而非全球统一的 3GPP 标准;与此同时,美国的 AT&T、Sprint 和 TMobile 也分别公布了各自的 5G 商用计划。日本和韩国则分别以 2020 年东京奥运会和 2018 年平昌冬季奥运会为事件驱动,加快了 5G 测试和预商用。韩国三大电信运营商 SKT、KT 和 LGU+共同于 2018 年 12 月宣布了首批 5G 商用服务。由于还没有 5G 手机的支持,所以韩国运营商首批 5G 服务的对象是企业用户。

到 2019 年 10 月,世界 100 多个国家的 328 家运营商宣称已经开始进行 5G 投资,27 个国家和地区的 50 家运营商已经完成了部分 5G 基础设施的建设并开始 5G 商用。

在我国,工业和信息化部从 2015 年 9 月起就组织并启动了 5G 的技术试验,试验包含关键技术验证、技术方案验证和系统验证 3 个阶段,由运营商、设备商及科研机构共同参与。

2019 年 6 月,工业和信息化部向中国移动、中国联通、中国电信、中国广电发放了正式的 5G 牌照,这标志着我国也正式进入了 5G 时代。2019 年 11 月,中国移动、中国联通、中国电信向移动用户推出了 5G 套餐。因此,2019 年也成了我国的 5G 元年。

5G 基站的部署总体上有两种方式，即非独立组网方式和独立组网方式。非独立组网方式是指 LTE 与 5G 基于双连接技术进行联合组网的方式。许多运营商在 5G 部署的初期可能会选择非独立组网方式。这种方式无须对核心网进行过多改造，初期的投入成本和风险较低。未来可以由点到面，从岛屿形覆盖最终形成 5G 成片的覆盖。另外，很多 5G 网络初期使用的频段都比较高，这会对网络覆盖带来严峻的挑战。为此，在部署 5G 的同时取得成熟 4G 网络的帮助就更为重要。

图 6-8(a)所示是非独立组网方式，其特点是 4G 和 5G 的接入基站都连接到 4G 核心网（Enhanced Packet Core，EPC），并且使用 4G 控制面作为锚点。这是国际上多数运营商在 5G 初期的选择。其优点是初期投入较少，较灵活。缺点是难以实现诸如低时延等 5G 的关键应用场景。

非独立组网方式只能实现 5G 的有限功能，5G 最重要的低时延特性则无法实现。因此有不少运营商从一开始就选择独立组网方式。5G 独立组网采用了端到端的 5G 网络架构，从终端、无线新空中接口到核心网都采用 5G 相关标准，支持 5G 各类接口，实现 5G 各项功能，提供 5G 所有的服务。在独立组网方式下，可以将 5G RAN 直接连接到 5G 核心网（5GC），或者将 4G E-UTRAN 升级后与 5G RAN 一起连接到 5GC，此时不再需要 LTE 的辅助。图 6-8(b)所示为独立组网方式。

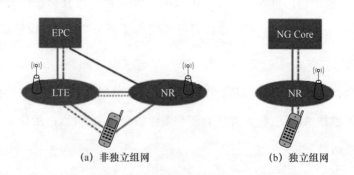

(a) 非独立组网　　　　　　　　　　(b) 独立组网

图 6-8　非独立组网和独立组网举例示意

目前，5G 独立组网也是我国三大运营商的选择方案。其特点是一步到位，未来麻烦较少，能实现 5G 的所有功能，但是，所需要的资金投入多，风险较大。

第7章
5G改变社会

7

7.1　不同的观点

2019 年堪称 5G 元年,全世界对 5G 都非常关注,很多国家都把它提升到了国家发展战略的高度。

但是另一方面,有不少人存在一些疑虑,那就是目前人类社会对于 5G 的需求真有那么大吗? 对于个人移动用户来讲,似乎 4G 也够用了。这种观点基本上是考虑以下几种因素。

- 5G 的一大特点是更大的传输带宽和更高的数据传输速率。但是,当前4G 网络的速率和时延已经基本满足了个人数据业务的需求。目前,人们使用较多的个人业务主要是微信、qq 等社交软件，以及淘宝等电子商务 App（用于购物以及预订酒店、机票等），除了偶尔看视频时所需要的数据流量较大之外，大多数业务所需要的流量并不大。至于网络时延，大多数人并没有用手机上网玩游戏的需求，因此对时延也不是那么敏感。此外，个人用户由于受手持终端屏幕尺寸本身的限制，他们对数据流量的要求是十分有限的，5G 提供的高速流量对他们来说意义并不大。因此，5G 的高速率、大带宽所带来的好处，可能对个人用户来说并没有明显的感知，他们为了 5G 所愿意支付的额外开支也就非常有限。

- 5G 的大连接应用其实在 4G LTE 时代就已经出现，如 eMTC 和 NB-IOT，现在就已经支持了，在 5G 中只是做了进一步的优化。

- 5G 的低延时应用如 AR/VR、自动驾驶、远程医疗、无线工业控制似乎离我们还很遥远，并且这些应用对于时延和可靠性的要求极高，这不仅对空中接口部分的要求高，对于核心网也提出了很高的要求，改造的成本很高。

应该说，这些疑虑也并非完全没有道理。虽然 5G 是人类有史以来最先进的移动通信系统，利用了现有最先进的通信理论和技术积累，可以实现万物互联，并会催生很多新的应用。但是，这一轮从 4G 到 5G 的升级更多的是由技术本身的进步和人类的美好愿望驱动，大规模社会需求的产生确实有一定的延迟。

现实情况如下。

① 人类社会对于流量的需求不会无限制地增长。库柏定律也会有失效的那一天。目前来讲，4G 提供的流量似乎已经基本满足了人们的日常生活和工作需要。

② 无线通信技术的进步步伐在放慢，基础的物理层技术已遇到瓶颈。前几代移动通信系统的演进以及系统容量的增加并不需要增加太多的成本。但是到

了 5G,容量的增加更多地需要依靠加大传输的信道带宽、使用大量的天线单元,以及采用高密度的基站组网,这就大大地增加了系统的成本。此外,5G 的电力消耗很大,这也是不容忽视的成本因素。因此,由于技术进步的局限,无线通信演进的成本大大地上升了。在 5G 时代,我们可能看到的是以很大的代价换取一定容量的增加。

③ 由于人们在生活中不愿意在移动通信上增加过多开支,运营商目前面临"增量不增收"的困境,投资新一代技术的意愿减弱。但是在现实中,多数运营商还是不得不进入这一领域以避免被边缘化,或者被视为技术落后,以及由此而带来的客户流失。

因此,大规模投资和部署 5G 还是需要采取相对务实的态度,根据应用和市场状况分阶段进行,不能一蹴而就,以避免社会资源的浪费。

不过,上述考虑的仅是增强移动宽带的场景,而 5G 最大的价值可能还是在于无线物联网,即海量连接的传感设备和低时延应用。不过,这些应用的发展应该会有个过程。

我们可以预想,全球范围的 5G 实现很可能将会是一个漫长的过程,现在我们设想的 5G 诸多应用场景将在这个过程中一个个逐步地出现。

目前来讲,个人消费者对于大带宽、高速率的需求可能并不迫切(但并不意味着没有需求,如 AR/VR、游戏等),他们愿意为 5G 服务承担的额外开支十分有限。因此,未来 5G 最大的需求可能还是来自企业用户,运营商的收入会更多地来源于物联网和传感器连接数的增加。在这方面,未来很可能会出现许多目前已经预见到的和没有预见到的应用场景。如果提前把路适当地修好,这些应用出现时就不会措手不及。

我们可以简单地回顾一下目前可以预见的一些 5G 的应用。

7.2　5G 的应用

5G 有哪些应用呢？简单地回答,非常之多,它涵盖了人类社会的各个方面。在 4G 时代,无线通信的主要应用是移动宽带,即数据传送。在 5G 时代,无线通信的应用将包含增强移动宽带和物联网两种类型,其部署和应用很可能会分成两个阶段。

5G 时代的第一阶段(大约从 2019 年到 2022 年)的主要应用场景仍然是移动宽带,但是速度和带宽比 4G 时代有相当大的提高。这一时期的主要客户群体仍然是个人用户。由于 5G 优化了很多 4G 的设计,所以每比特的能耗和价格都会大大地下降。4G 时代人们使用手机局限于通话、邮件、社交媒体、上网等,到了 5G 时代,像利用手机看电影以及 VR、AR 等应用可能都会变得很普遍。此外,很多新的电子商务方面的应用也会出现。

在 5G 的第二阶段(大约在 2022 年以后)低功耗大连接的传感器网络(智慧城市、智慧家庭、智慧农业、智能电力等)、低时延的应用(自动驾驶汽车、无人机、远程医疗、无线工业控制等)等场景也开始出现并普及。这一时期很多应用将面向企业和商业用户,很多我们目前没法想象的应用也会出现。5G 提供的大连接和大量数据交换将与大数据和人工智能相结合,并由此会产生很多新的应用。

目前可以预想到的 5G 一些较典型的应用如下。

7.2.1　娱乐和多媒体

媒体点播(media on demand)是指个人用户能够在任何时间和地点欣赏媒体内容(如音乐、电影等)。地点可以是在家里、公交车上、地铁上,也可以是在野营的营地。这种应用需要很大的数据流量,而对于延时则不那么敏感。此外,这类应用很可能需要移动边缘计算(Mobile Edge Computing,MEC)的支持。

7.2.2　体育场馆和演唱会

在体育场馆(图 7-1)和演唱会场景中,手机用户非常集中,而且人们常常会需要发送大量视频或图片到社交媒体上,因此其短期内爆发的数据流量会极其庞大。5G 网络可以满足人们在此类场景中的需求。

图 7-1　体育场馆场景

7.2.3　游戏

玩游戏者有时会希望可在任何地点参与网络游戏。这一应用的特点是数据流量大而且对网络延迟非常敏感。例如,第一人称射击(First Person Shooting,FPS)就是一种要传输的数据量极大而且对网络延迟非常敏感的游戏(对运动目标的射击精度非常高)。

另一种对延迟要求非常严格的游戏是虚拟现实游戏。由于在构建虚拟现实环境时,真实世界的每一个细节都要以非常高的清晰度以实时视频流的形式进行高精度的模拟,并在云中为虚拟世界中其他交互用户提供数据。在这样的环境中,为了给游戏者和用户带来平稳的体验,无线系统需要提供非常大的数据量和极低的延迟。交互式射击游戏界面如图 7-2 所示。

图 7-2　交互式射击游戏界面

7.2.4　VR/AR

虚拟现实(VR)是指用户之间能够像在同一位置一样进行交流。在虚拟现实场景中,来自不同地点的人们可以身临其境地召开会议和进行交流。

增强现实(AR)则通过提供与用户周围环境相关的附加信息来现实。用户可以根据自己的兴趣定制额外的上下文信息。

为了实现虚拟现实和增强现实,网络需要很高的数据速率和极短的延迟。为了创造虚拟现实的身临其境的感觉,所有的用户都必须不断向其他用户传输更新数据,虚拟现实示意如图 7-3 所示。此外,为了实现增强现实的高用户体验,用户的传感器/设备和云之间需要在上下两个方向上交换大量信息。云需要丰富的周围环境信息来选择合适的上下文信息,而这些信息又必须提供给每个人。而且延迟只要超过几毫秒,人们可能会产生强烈的不适感。为了保持高分辨率,需要网络具有很高的数据传输速率。增强现实在博物馆中的应用如图 7-4 所示。

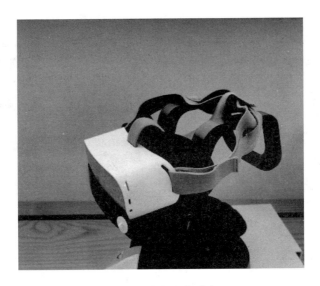

图 7-3　虚拟现实示意

图 7-4　增强现实在博物馆中的应用

7.2.5　智慧城市

从城市居民的角度来看,人们生活的许多方面都将变得更加智能,例如智能家居、智能办公、智能建筑、智能交通控制。所有这些都将智慧城市变为现实,智慧城市示意如图 7-5 所示。

图 7-5　智慧城市示意

今天的无线通信主要连接的是人,5G 将把这种连接扩展到周围环境,例如办公楼、购物中心、道路、火车站、家里、公共汽车站和其他许多场所。大量的小型设备、可穿戴设备、传感器(如摄像头、温度和湿度感应器、空气质量检测器)、控制设备(如温度、照明控制)的相互连接将使"智能"生活成为可能。

除了基础设施的智能化,整个社会的管理服务能力和效率还将得到大大的提高。

7.2.6　医疗健康

5G 在医疗健康中的应用主要包括健康管理、远程诊断、远程医疗等。

5G 在管理人们的健康方面将发挥很大的作用。比如,通过可穿戴设备以及各种小型传感器,将可以实时地把人们的各种生物数据(血压、脉搏,甚至是一些生化指标)上传到云端的档案中,通过人工智能对其健康状况进行判断和管理,智能穿戴设备和 5G 的结合如图 7-6 所示。

　　远程诊断则可以把病人的资料和各种诊断指标发送给远端的一个专家或若干专家,专家对病人的病情进行诊断和实施相应的治疗。

　　此外,5G 网络的高可靠、低时延特性还使远程治疗甚至是远程手术成为可能。远程治疗可以为偏远地区或者在移动中的救护车上的患者提供及时、低成本的医疗服务。

图 7-6　智能穿戴设备和 5G 的结合

　　在 5G 急救车的场景中,可以通过高清视频把病人的生命体征实时地回传到急救中心,实现远程支持。为了实现这种关键的医疗服务,需要非常低的端到端延迟和超可靠的无线通信通道,以实时提供患者的状况(例如通过高分辨率图像、访问医疗记录等)。

　　在远程手术的应用中,则需要提供准确的感觉和触觉互动(即触觉反馈)。美国的直觉外科公司(ISRG)研制的达芬奇手术机器人(图 7-7)在过去 15 年中积累了 350 万的实际手术案例。这些机器人手术系统如果和 5G 技术结合,将使得远程手术成为可能。

　　云服务的大量增加有望在不久的将来成为支持远程医疗的一个主要推动力,并允许医生随时随地地访问医疗记录。此外,未来先进的诊断工具也有望增加为患者提供远程检查的可能性,所有这些将大大地降低医疗的成本(特别是在农村地区)。

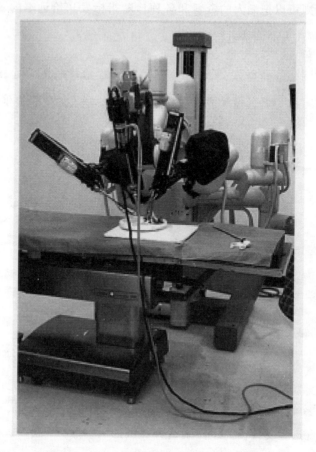

图 7-7　可以远程控制的达芬奇手术机器人

7.2.7　工业互联网

许多工业制造应用需要非常低的延迟和超高的可靠性。比如,当网络用于控制高速运转的机床时,稍有延迟发生就会影响生产的精度,甚至酿成事故。目前在工业界中的很多地方都采用了建无线专网的方式(如 LORA 和 Sigfox)。未来,企业完全可以通过 5G 服务来实现工厂的控制和业务连接。智慧生产示意如图 7-8 所示。

图 7-8   智慧生产示意

7.2.8   智慧农业

在农业领域,可以通过部署海量传感器实现天空地一体化的智慧农业信息遥感监测网络,传感器所能提供的数据包括土壤状况、天气预测、农作物的生长状况,以及病虫害的情况。这些数据会被传送到云端,利用农业大数据智能分析系统进行处理,以帮助人们制订区域规划,预测产量,进行健康管理和病虫害的防治。此外,还可以用通过 5G 控制的智能农机进行精准的自主作业。智慧农业示意如图 7-9 所示。

图 7-9   智慧农业示意

传统的养殖业也将向智慧养殖演进,通过实时监控、精准饲喂、健康防病等环节大大地提高养殖效率、养殖的质量和产量。

7.2.9　车联网和自动驾驶

车联网将是 5G 的主要应用场景之一。自动车辆控制系统可以通过无线通信网络把道路车辆传感器的数据和周围车辆的位置以及道路环境相结合,最后由车辆或者云端的智能驾驶系统决定车辆要采取的行动。

自动驾驶可以带来很多好处,例如,提高交通效率,避免事故,使乘客可以将注意力放在其他方面的生产活动(如在车内工作)。自动车辆控制不仅需要车辆与道路基础设施之间的通信,还有车对周围的车辆、车对人、车对传感器的连接。这些连接需要提供非常低的车辆控制信号的延迟和高可靠性。旧金山街头的 Uber 测试用自动驾驶汽车如图 7-10 所示。

图 7-10　旧金山街头的 Uber 测试用自动驾驶汽车

除了自动驾驶,5G 通信的应用还包括对车辆功能的遥控,如空调和暖气、发动机、前照灯、喇叭、车门(非)锁定等。此外,还可以将车辆信息(如车上各种传感器的数据)传输到服务器进行储存、处理和维护。

7.2.10　高速列车

乘坐高速列车时,乘客希望利用车上碎片化的时间以与平时一样的方式进行工作或娱乐社交活动。例如,观看高质量的视频,玩游戏,或利用虚拟现实进行视

频电话会议。5G 网络可以在不显著降低用户体验的情况下满足这些服务。4G
支持的最高运动速度为 200 km/h，只能支持一般列车或动车乘客的上网，5G 则
把速度提高到了 500 km/h，使得高速列车上的乘客也可以使用 5G，见图 7-11。

图 7-11　高速列车上的乘客也可以使用 5G

7.2.11　无人机

无人机是 5G 的一个重要应用场景。目前的无人机大都通过 Wi-Fi 或蓝牙方
式连接控制，控制的范围较小，能传送的数据量也小。5G 的低时延特点使得无人
机操控实现了小区跨越，飞行的范围和距离大大地增加了。5G 大带宽的特点使
得 4K/8K 视频的实时回传以及 AR/VR 应用成为可能。

无人机将可以被用于物流送货、电力巡检、实况转播、城市巡防、紧急救援、
野外科学观测等很多领域。图 7-12 为通过 5G 网络控制可用于摄影的小型无
人机。

不过，无人机应用还是有一些问题需要解决。如现在的基站天线方向是朝下
的，实现的是地面覆盖。对于无人机，基站需要对于空域有一定的覆盖，因此可能
需要对基站做适当的调整。

图 7-12　通过 5G 网络控制可用于摄影的小型无人机

7.2.12　空对地宽带无线通信

在很多情况下,飞机上的乘客希望在飞机上和在地面上一样能够使用互联网看新闻、订酒店、社交,甚至看电影、玩游戏。根据 2018 年全球旅行者研究显示,94％的旅行者认为,在飞机上提供网络将增强他们的旅行体验。这就需要在飞机上实现和地面的宽带连接。使用传统的卫星传输数据虽然有全球覆盖的优势,但是由于卫星的波束覆盖范围较大,因此数据流量不高,此外其设备维护和带宽成本都非常高,网络的时间延迟也很长,因此通过地面站向天上覆盖空域的方式实现 ATG(Air to Ground)的宽带通信变得十分有意义。5G ATG 带宽接入可以为飞机上的旅客提供几十兆比特每秒速率的 Wi-Fi 服务,如图 7-13 所示。

在 4G 时代,已经出现了一些这种系统。如美国运营商 Gogo 采用中兴通信提供的 LTE 技术在 2.4 GHz 实现了 ATG 连接。欧洲的 EAN 则采用 Thales 和 Inmarsat 的 LTE 技术利用 S 频段实现了 ATG 连接,最大下载速率达到 70 Mbit/s。我国的航广集团也曾经在 2014 年利用 1 GHz 频段试验过 ATG 连接,下载速率可达 30 Mbit/s。不过这些系统的带宽较窄,能提供的数据流量也很低,不能满足人们在飞机上工作与娱乐的需求。

未来,基于 5G 的 ATG 系统将有望实现空中宽带系统,为每架飞机提供每秒几百兆比特甚至吉比特级别的无线宽带数据流量,可以满足乘客在飞机上对于移动宽带互联的要求。

图 7-13　5G ATG 宽带接入可以为飞机上的旅客提供几十兆比特每秒速率的 Wi-Fi 服务

7.3　5G 与 AI

人工智能的发展大体上分为 3 个阶段。1950—1980 年为人工智能的早期发展阶段。1981—2010 年为机器学习的兴起阶段。2010 年后为第 3 阶段。不过,人工智能的发展也曾一度陷入迷茫和停顿。一直到了 2010 年,多伦多大学的计算机科学家杰弗里·辛顿(Geoffrey Hinton)发现了一种方法,可以大大地提高对新增人工神经网络层的训练有效性,引起了人工智能领域深度学习(deep learning)的一次革命。自此以后,人工智能再次焕发活力,蓬勃发展,成为未来最有发展前途同时也将对人类社会产生最重大影响的科技领域。

和传统基于规则的人工智能不同,现代基于深度学习的人工智能利用人类提供的大量实际数据,对构成 AI 的神经网络进行训练,人工智能系统从数据中提取知识,自动生成合适的模型。例如,谷歌的围棋 AI 系统阿尔法狗(AlphaGo)就以 6 000 万局对弈大数据为基础,训练深度神经网络的算法,最后成功击败了人类最顶尖的棋手。因此,人工智能的成功有赖于供神经网络训练用的大量数据和足够的计算力。互联网为人工智能提供了不少数据,而 5G 的部署则更是把人和大量的移动设备联系在一起,并由此产生和获取大量有价值的数据。有了这些由 5G 基础设施所产生的数据,AI 的学习判断能力将会得到大大的提升,甚至产生质的飞跃。

前面提到的自动驾驶汽车(Autonomous Vehicle,AV)就是 5G 和 AI 有效结合的一个例子。位于车辆中或者云端的 AI 可以依赖大量传感器和 5G 通信所提供的大量实时数据,判断道路和周围车辆的状况,作出判断,如需要刹车或者转向,以实现把乘客安全快速地送到目的地的目标。在自动驾驶的应用中,各种传感设备提供的数据、5G 提供的高可靠低时延的宽带无线通道以及边缘计算可以和人工智能完美地结合起来,大大地提高汽车行驶的安全性和整个社会交通体系的效率,具有极大的社会价值。

第8章
无线通信的未来

综前所述,移动通信的每一代演进都超越并解决了上一代系统的一些问题,除了社会经济发展的需求驱动外,通信理论与技术、元器件的发展在这中间则起到了使能者的关键作用。1G 建立了首个可用于通话的模拟制式的蜂窝网通信系统。2G 实现了从模拟向数字通信的革命性转变,提高了通信容量、质量和安全性。3G 实现了向数据传输的迈进。4G 提供了移动宽带业务,使得通信进入了移动互联网的时代,并促进了电子商务的发展。到了 5G 时代,移动通信将在大幅提升以人为中心的移动互联网业务使用体验的同时,全面支持以物为中心的物联网业务,实现一个万物互联智能化的社会。

展望未来,有一种观点认为,移动通信的发展至今已非常成熟,如果 5G 网络能合理地设计部署,我们将不再需要 6G、7G、8G、⋯,只需要一些小的改动即可满足未来社会的需要,因此未来几十年我们所面对的很可能是 5.1G、5.2G、⋯。或者至少无线通信的演进速度可大大地降低,没有必要继续以十年一代的速度更新迭代。

此外,根据以往的经验,无线通信的发展是每十年更新一代,即所谓的"使用一代,研究一代,储备一代"。欧洲、中国、美国、日本、韩国等一些国家和地区的研究机构已经开始布局 6G 技术的研究,有的认为使用大于 275 GHz 的太赫兹频段实现进一步增强型移动宽带(高达 1 Tbit/s 的单用户数据传输率)是 6G 的关键;有的认为应该把卫星通信和地面通信有效地整合起来,实现空地一体化,以实现人类通信更大的自由度;也有的认为把人工智能和 5G 有效地整合起来才是关键;更有人认为,目前人类通信的瓶颈恰恰是人类的感官本身,6G 应该把人的大脑通过植入芯片以近距离通信的方式联接起来。

6G 的愿景又是怎么样的呢? 根据以往的经验,我们可以预想,6G 将利用新出现或已经成熟的技术元素解决 5G 中没有解决的问题。因此,上面提到的所有这些,如太赫兹通信、卫星通信、水下通信,甚至是基于人脑外部接口的近距离通信,都很可能是未来无线通信系统构成的技术元素。

2014 年,SpaceX 和 PayPal 的创始人 Elon Musk 发起了卫星互联网 StarLink 计划。根据这一计划,到 2025 年左右,SpaceX 将建成完整的 StarLink 系统,这个系统将由环绕地球的 4 425 颗低轨道(LEO)通信卫星构成,这些卫星将覆盖全球所有的角落,通过 Ka 和 Ku 频段为消费者提供宽带互联网接入服务。截止到 2019 年 11 月,SpaceX 已通过其 Falcon 9 可回收飞船发射并部署了 122 颗 StarLink 卫星,并计划于 2020 年上半年起在美国和加拿大开通服务。由于使用了低轨道卫星(而不是同步卫星),其信号传输的时间延迟大大地降低了。据估计,完成所有卫星的发射并为全球提供服务可能需要 5 年甚至是更长时间。StarLink 第一阶段轨道图如图 8-1 所示。

与此同时,位于美国弗吉尼亚州的 OneWeb 也启动了包含 648 颗低轨道卫星的卫星互联网计划,卫星由空中客车公司(Airbus)承建,利用 Ka/Ku 频段为全球提供互联网服务。到 2019 年,OneWeb 已部署了其中的 6 颗卫星。据估计,完整的 OneWeb 系统部署将在 2027 年左右完成。

此外,加拿大的 Telesat 的卫星通信公司也准备启动包含 117 颗低轨道卫星,利用 Ka 频段为全球提供互联网服务的计划,准备从 2021 年开始部署,2022 年起开始提供互联网服务。

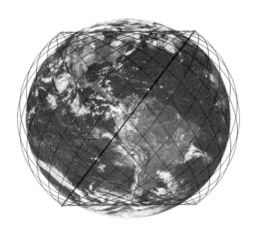

图 8-1　StarLink 第一阶段轨道图

　　SpaceX、OneWeb 和 Telesat 三大提供互联网通信的卫星系统对比如表 8-1 所示。

表 8-1　**SpaceX、OneWeb 和 Telesat 三大提供互联网通信的卫星系统对比**

对比指标	Telesat	OneWeb	SpaceX
卫星数	117	720	4 425
地面站数	42·	71	123
单卫星最大数据率/(Gbit・s^{-1})	38.68	9.97	21.36

　　在我国,航天科技集团和航天科工集团分别启动了"鸿雁"和"虹云"低轨卫星通信星座计划。

　　这些低轨道卫星通信计划将可能成为现有蜂窝移动通信系统的有力竞争对手。当然,它们也有可能互为补充,并一起构成空地一体的通信系统,以实现人类通信的更大自由度。因此,低轨道卫星系统很可能会成为未来无线通信系统的重要组成部分。

　　不过,截止到 2020 年 4 月,One Web 因财务困境已宣布破产。而 Starlink 也面临卫星测控复杂,太空垃圾处理,星际通信困难,切换频繁等技术上的问题,以及财务和商业模式上的不确定性。卫星互联网的前景是否真的像想象得那么美好还有待进一步的观察。

2019 年 3 月,世界第一届 6G Wireless Summit 在芬兰拉普兰召开。Oulu 大学的 6G 旗舰项目根据来自诺基亚、爱立信、中国电信、三星、NTT 等几十家公司的专家的预测,发布了一份 6G 白皮书。

白皮书认为,联合国的人类发展远景才是未来无线技术发展所应追求的目标。以此为基础,白皮书把 6G 定义为 Ubiquitous Wireless Intelligence,即无所不在的无线智能。6G 主要 KPI 如图 8-2 所示。

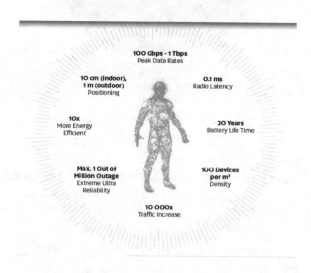

图 8-2　6G 主要 KPI

5G 和 6G 可能使用频段的特性如表 8-2 所示。

表 8-2　5G 和 6G 可能使用频段的特性

频　段	0.3～3 GHz	3～30 GHz	30～300 GHz	0.3～3 THz	3～30 THz
波　长	10～100 cm	1～10 cm	1～10 mm	100～1 000 um	10～100 um
主要衰减因素	自由空间	自由空间,即高频段对于穿越物体的损耗大	自由空间/分子吸收 O_2 和 H_2O	自由空间/分子吸收 H_2O	自由空间/分子吸收 H_2O
支持传输距离	10 km	1 000 m	100 m	<10 m	<1 m
系统带宽	100 MHz	400 MHz (或 800 MHz)	高达 30 GHz	高达 300 GHz	>100 GHz

6G 无线通信系统示意如图 8-3 所示。

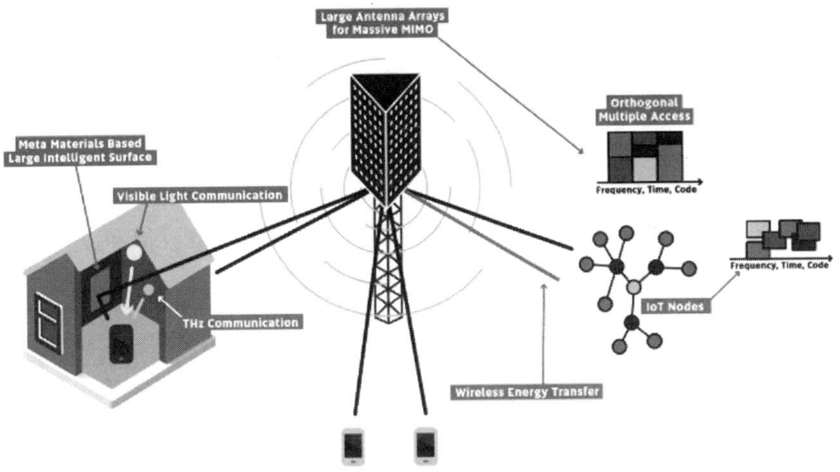

图 8-3　6G 无线通信系统示意

白皮书的主要观点如下。

- 根据以往无线通信每十年一代的规律,6G 通信系统将大约在 2030 年出现。

- 未来的人类社会将是由大数据驱动的,而基于 5G 和 6G 的无所不在的无线通信则是其最关键的使能者。6G 所要达到的基本目标是实现 5G 所遗漏的相关技术与由人工智能发展而产生的各种新的应用。

- 6G 的关键技术指标(KPI)将远超 5G,比如,用户的峰值速率将达到 100 Gbit/s～1 Tbit/s,网络的延迟将降低至 0.1 ms,终端设备的电池寿命将长达 20 年,每立方米空间内将容纳上百个无线(终端)设备,提供相当于 5G 上万倍的流量,以及百万分之一的超高可靠性,能耗效率是 5G 的十倍以上,提供超高的定位精度(室内 10 cm 和室外 1 m 以内)。

- 6G 时代的生态系统和主要参与者也将和现在完全不同,1G 至 5G 时代以网络运营商为主体的生态系统将彻底改变。

- XR 将取代智能手机。VR、AR 和 MR 技术将通过可穿戴设备(如超轻型眼镜)、各种传感设备、移动通信网络和人类感官无缝集成,取代智能手机,成为人们日常生活和工作中的重要工具。

- 无线频谱将向更高的频段发展,甚至达到太赫兹的频段范围(即 100 GHz～10 THz 的频段,无线通信的频段越高,所能提供的信号带宽越宽,能支持传输的数据量也就越大,而传输距离和覆盖范围则会减小),室内近距离通信将扮演更重要的角色。

- 频率向太赫兹的发展将催生很多新的应用,比如三维成像和立体感知,这将在半导体器件、射频电路、光学器件等领域产生很多新的挑战和机会。

- 人工智能/机器学习和数据块技术将和无线通信相结合,并在社会经济中扮演极其重要的角色。

- 将出现新的无线通信物理层调制和多址技术,甚至有可能采用模拟的调制方式(以应对大带宽的应用)。

- 各种传感器、图像处理技术、高精度定位技术的结合将催生很多新的应用。

- 网络内在的信任和隐私保护是提供 6G 服务的前提。

2019 年 11 月,中国移动研究院联合业界同行发布了中国首个 6G 愿景报告(《2030＋愿景与需求报告》),报告认为可持续发展是社会经济发展的长期目标,必须秉承"创新,协调,绿色,开放,和谐"的发展理念。报告基于马斯洛的人类需求层次理论,并把它拓展到了人类对于无线通信的需要,以此为依据,确定了人类社会对于 6G 的愿景和一些主要技术指标。

当然,这还仅是一个开头。毫无疑问的是,这些想法、愿景和技术指标对于 6G 概念的最终形成是会起到启发作用的。目前来讲,准确预测未来的无线通信和 6G 是怎么样的还很困难。可以确定的是,6G 将会完成 5G 中所没有实现的通信需求,中低轨道卫星、太赫兹和其他新的无线通信手段可能都会成为构成 6G 重要的技术元素,它们将和人工智能、大数据进一步结合,以实现比 5G 更加完整的智能社会和人类更大的自由度。

参 考 文 献

［1］ 伽莫夫. 物理学发展史. 北京:商务印书馆,1981.

［2］ Gamow G. Physics Biography. New York:Harper Collins,1961.

［3］ Sklar B. Digital Communications—Fundamentals and Applications. 2nd ed. Upper Saddle River:Prentice Hall,2001.

［4］ 格雷克. 信息简史. 高博,译. 北京:人民邮电出版社,2013.

［5］ Gertner J. The Idea Factory—Bell Labs and the Great American Innovation. London:The Penguin Press,2012.

［6］ 吴军. 浪潮之巅. 北京:电子工业出版社,2011.

［7］ 希特,爱尔兰,霍斯基森. 战略管理:概念与案例. 吕巍,译. 北京:人民大学出版社,2009.

［8］ Hillebrand F. GSM & UMTS:The Creation of Global Mobile Communications. Chichester:Wiley,2002.

［9］ 彭剑锋,王甜. 透视诺基亚:科技以人为本. 北京:机械工业出版社,2010.

［10］ 田涛,吴春波. 下一个倒下的会不会是华为. 北京:中信出版社,2017.

［11］ 未来移动通信论坛. 面向 5G 时代的移动通信再思考. 北京:人民邮电出版社,2017.

［12］ 项立刚. 5G 时代:什么是 5G,它将如何改变世界. 北京:中国人民大学出版社,2019.

［13］ 杨学志. 通信之道——从微积分到 5G. 北京:电子工业出版社,2016.

［14］ Shannon C E. A Mathematical Theory of Communication. The Bell System Technical Journal,1948(27):379-423.

［15］ del Portillo I,Cameron B,Crawley E F. A Technical Comparison of Three Low Earth Orbit Satellite Constellation Systems to Provide Global Broadband//69th International Astronautical Congress. Bremen:［s.

n.], 2018:1-15.

[16] University of Ottawa. An Overview of the Demise of Nortel Networks and Key Lessons Learned. 2009.

[17] Metis Project. Deliverable D1. 1: Scenarios, Requirements and KPIs for 5G Mobile and Wireless System. 2013

[18] IMT-2020(5G)推进组. 5G 愿景和需求白皮书. 2014.

[19] 华为 XLab. 5G 时代十大应用场景. 2017.

[20] Latva-aho M, Leppanen K. Key drivers and research challenges for 6G ubiquitous wireless intelligence. 2019.

[21] 中国移动研究院. 2030＋愿景和需求报告. 2019

[22] History of GSM. [2019-09-08]. www. gsmhistory. com.

[23] SemiWiKi. com. [2019-09-12]. https://semiwiki. com/semiconductor-manufacturers/3123-a-brief-history-of-qualcomm/.

[24] LYTICS. [2019-10-12]. www. iplytics. com.

[25] Qualcomm Employee's Newsletter. Special Commemorative Edition. 2000.

[26] Osseiran A. 5G Mobile and Wireless Communications Technology. Cambridge: Cambridge University Press, 2016.

[27] 李开复. AI・未来. 杭州:浙江人民出版社,2018.

[28] Webb W. The 5G Myth: When Vision Decoupled from Reality. [S. l. : s. n.],2019.

[29] 马可尼[EB/OL]. [2019-10-12]. https://baike. baidu. com/item/伽利尔摩・马可尼/313672? fromtitle＝马可尼 &fromid＝491614&fr＝Aladdin.

[30] 麦克斯韦[EB/OL]. [2019-10-15]. https://baike. baidu. com/item/詹姆斯・克拉克・麦克斯韦/314955? fromtitle＝麦克斯韦 &fromid＝161423.

[31] Nortel[EB/OL]. [2019-10-26]. www. wikipedia. org.

附录 1　移动通信大事记

1865 年，麦克斯韦提出电磁场理论，并预言了电磁波的存在。

1875 年，亚历山大·贝尔发明电话。

1887 年，赫兹用实验验证了电磁波的存在。

1895 年，马可尼成功地把莫尔斯电码无线电信号传送了 3.2 km 的距离。

1898 年，马可尼发明了无线通信调谐电路并获得了专利许可，专利号为 7777。

1901 年，马可尼成功地实现了横跨大西洋的无线电通信。

1914 年，人类首次实现通过无线电波传输语音。

1935 年，阿姆斯特朗发明了频率调制技术。

1946 年，AT&T 在 St. Louis 开通了第一个公共汽车无线通信系统 MTS。

1947 年，贝尔实验室提出了蜂窝网通信的概念。同年，巴丁、肖克莱、布拉顿发明了半导体晶体管。

1948 年，贝尔实验室的香农提出了信息论。

1965 年，AT&T 开始在美国部署改进型的 IMTS，该系统支持全双工和自动拨号等功能。

1973 年，摩托罗拉的马丁·库帕团队研制出了第一台 Dynac 手持无线电话机。

1978 年，AT&T 在芝加哥成功地进行了移动蜂窝网通信试验。

1979 年，NTT 在日本东京开通了商用蜂窝移动通信系统。

1989 年，Groupe Spècial Mobile 完成了规范欧洲的数字蜂窝网系统 GSM。

1991 年，首个 GSM 商用通信网在芬兰首都赫尔辛基开通。

1991 年，美国开始部署 D-AMPS。

1993 年，美国开始试验部署 IS-95 CDMA 系统。

1994 年，人们开始通过手机相互发送短信。

1999 年，第三代移动通信系统标准的制定基本完成，包括欧洲的 UMTS、美国的 cdma2000 和中国的 TD-SCDMA。

1999 年，人们开始通过手机发邮件和上网。

2001 年，NTT Docomo 在日本东京开通了首个商用 WCDMA 系统。

2007 年，苹果公司发布 iPhone，开启了智能手机时代。

2010 年，LTE 系统首次在瑞典斯德哥尔摩商用。

2019 年，第五代移动通信系统开始在全球部署，无线通信进入新纪元。

附录 2　图片来源

图 3-7 Mozzerati/wikimedia commons/CC BY-SA 3. 0

图 3-11 Milominderbinder2/wikimedia commons/CC BY-SA 3. 0

图 4-4 Coolcaesar/wikimedia commons/CC BY-SA 3. 0

图 4-9 james38/wikimedia commons/CC BY-SA 3. 0

图 5-1 Abwarter/Wikimedia commons/CC BY-SA 3. 0

图 7-2 APGSoftware/wikimedia commons/CC BY-SA 3. 0

图 7-4 Kippelboy/Wikimedia commons/CC BY-SA 3. 0

图 7-5 Capankajsmilyo/wikimedia commons/CC BY-SA 4. 0

图 7-7 Nimur/Wikimedia commons/CC BY-SA 3. 0

图 7-10 Dllu/wikimedia commons/CC BY-SA 4. 0

图 7-11 Opacitatic/wikimedia commons/CC BY-SA 4. 0

图 8-1 Lamid58/Wikimedia commons/CC BY-SA 4. 0